LIANXULIU FANYINGQI JI
GONGYI SHEJI

# 连续流反应器及工艺设计

丁全有　黄长如　李鹏飞　主编

·北京·

## 内容提要

本书在总结编者多年实践经验的基础上，以连续流反应器及工艺设计为主线，系统介绍了连续流技术的概念及研究背景、连续流技术设备及辅助设备，总结了连续流工艺研发的关键要点及实验实用技巧，重点列举了多个反应的连续流工艺案例，并附设备工艺流程图，具有很强的指导性和实用性。

本书适合从事连续流、微反应技术研究及反应器、工艺设计开发的科研人员、相关企业阅读参考，也可供化学工程、有机合成、药物合成等相关专业院校师生参考。

**图书在版编目（CIP）数据**

连续流反应器及工艺设计/丁全有，黄长如，李鹏飞主编. —北京：化学工业出版社，2020.10（2024.11重印）
ISBN 978-7-122-37394-6

Ⅰ.①连… Ⅱ.①丁… ②黄… ③李… Ⅲ.①化工生产-连续生产 Ⅳ.①TQ062

中国版本图书馆CIP数据核字（2020）第122758号

责任编辑：冉海滢　刘　军　　装帧设计：王晓宇
责任校对：边　涛

出版发行：化学工业出版社（北京市东城区青年湖南街13号　邮政编码100011）
印　　装：北京科印技术咨询服务有限公司数码印刷分部
710mm×1000mm　1/16　印张10¼　字数184千字　2024年11月北京第1版第6次印刷

购书咨询：010-64518888　　售后服务：010-64518899
网　　址：http://www.cip.com.cn
凡购买本书，如有缺损质量问题，本社销售中心负责调换。

**定　　价：68.00元**

# 前言

微化工技术是20世纪90年代初兴起的一门新技术，它以尺度在数百微米以内的微通道设备作为载体。其比表面积大，表面作用强，流体的强化混合作用比传统釜式反应器提高了2～3个数量级。

微化工技术作为绿色工业新的研究方向，在理论上可以实现工业生产模式颠覆性的变革，吸引了广泛的关注。国内外政府、企业、科研机构等都在快速推进微化工技术创新和应用的探索。

近年来微化工技术发展迅速，在国内外科研机构和相关企业的推动下，微化工设备在快速地更新换代。微化工设备也从伊始的微通道反应设备向着多元化的方向迈进，如新型的管式反应器、固定床反应器，新型的萃取、分离设备，配套的物料计量、温度控制系统等都先后被应用到工艺创新中。为了更好地区分和传统釜式反应器的区别，体现以微化工技术为代表的装备在连续化、密闭性、集成性、自动化等方面的优势，业内把上述诸多反应器和反应技术纳入连续流技术领域。

作为多学科融合的产物，连续流技术以流体力学和化学反应工程为学科基础，在发展过程中又融合了材料科学、机械设计、电气自动化等学科。在化工生产中，有望降低生产安全风险、提升产品质量、节约原料、减少环境污染，并有望参与进行化工行业的工艺革新，甚至带来化工行业的革命，实现工厂微型化。系统性的连续流技术的学习和研究，将对该行业人才培养、技术创新、优化生产、安全防护等方面产生深远的影响。

本书依托编者在行业内的多年从业经验，借鉴前人理论总结，透过技术设备现状的剖析，提炼团队在相关领域的多年积淀，汇编成册，旨在为连续流技术的传播和发展贡献一份力量。在本书编写过程中，多位同仁也提供了素材和建议，这些一线的资料和经验提升了本书的价值，借此机会对所有的连续流技术研发工作者献上最诚挚的感谢与敬意。

丁全有

**2020年5月于青岛微井**

# 目录

# 第1章 连续流技术背景

## 1.1 连续流技术概述

流动化学（Flow Chemistry）是近几年在化工领域诞生的新技术。目前还没有标准的中文学术名称和用语，相关的名词有连续流动化学、连续流技术、微通道技术等，其含义为在连续流动的系统中完成化学反应。流动化学为化工技术的研究和发展提供了一种崭新、高产且快速的技术手段和发展方向。

流动化学技术（以下或简称为连续流技术）的应用过程是由多种系统协同实现的。需要借助泵提供物料输送的动力，需要连续流反应器（微通道反应器、管式反应器、固定床反应器等）提供高效传质、高效换热的反应环境，需要温度控制系统保障热量快速置换。

连续流动反应、瞬时微型处理量、高效、安全、自动化等，是流动化学技术（连续流技术）的特征。与传统的釜式反应技术相比，连续流技术有许多明显的优势：传质传热效率提升上千倍、反应安全性高、物料配比精确、生产重现性良好、自动化程度高等，其应用范围也越来越广。

化学反应场所是连续流技术的核心。借助于高端的微加工技术，可以将化学反应场所的尺度控制在 10～1000$\mu$m 之间。小尺度效应，使反应空间具有较高的比表面积，强化热对流速率，缩短分子扩散的时间。根据流体技术理论设计的特殊通道，可有效提高流体的雷诺数，使液体进入混沌流或湍流状态，从而实现高效传质的效果。微型化学反应场所在换热能力上也大幅提升，双面换热，换热介质的体积大于反应液的体积，换热介质与反应液反向流动，换热介质的热容量可完全覆盖反应的瞬时热量，从而实现反应温度的精确、稳定控制。

## 1.2 微通道技术研究背景

微通道技术是最具代表性的连续流技术。随着研究的深入和应用的日益广泛，连续流技术又得以扩展。

微通道技术在化工生产中的应用来源于 20 世纪 80 年代的微通道换热器。1981 年，Tuckerman 和 Pease 最早提出了微通道散热器的概念，其在解决微电子机械系统的换热问题上具有突出的优势，逐渐成为研究热点。

随着微加工技术（平板印刷术、化学刻蚀技术、光刻电铸注塑技术、钻石切削技术、线切割及离子束加工技术等）的提高，微通道换热器在功能、尺寸、结构上得到了广泛的发展。

在不同的应用领域中，具有代表性的微通道换热器有印刷电路微换热器、汽车空调微换热器（图 1-1）、热泵空调微换热器、压缩机微换热器等。根据内部结构的不同，微通道换热器可分为烧结网式多孔微型换热器、平板错流式微型换热器、平行流管式散热器、三维错流式散热器等。

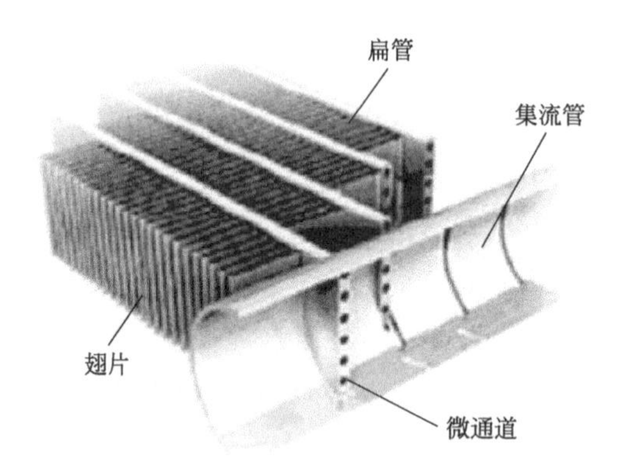


**图 1-1　汽车空调微换热器**

微通道换热器具有结构紧凑、质量轻、换热效率高、运行安全等优点，在航空航天、微电子、医疗、化学生物工程、材料科学中高温超导体冷却技术、薄膜沉积中的热控制、强激光镜的冷却等领域中得到了广泛的应用。

基于其换热上的核心优势，诸多企业将微通道技术引入化工过程中，开发出微通道反应器。如美国康宁公司生产的微通道反应器，就是基于其在玻璃领域的材料优势进行的拓展，德国拜耳和美因茨等也先后研发了不同形式的微通道反应器。我国企业进入这一领域相对较晚，但凭借着完整的机械设计和加工产业体系，以及国内化工企业的规模优势，反应器的应用更加多元、更具性价比，且涌现出了微井科技、豪迈化工等一批优秀的国内企业（表 1-1）。

**表 1-1　国内外部分微通道反应器技术公司**

| 国家 | 供应商 | 反应器 |
|---|---|---|
| 美国 | 康宁 | G1～G4 微反应器 |
| 德国 | Ehrfeld Mikrotechnik BTS | 模块化微反应器系统 |
| 德国 | ICT-IMM | SIMM 微反应器 |
| 德国 | 西门子 | Siprocess 微工艺系统 |
| 荷兰 | Chemtrix | Labtrix、KiloFlow、Plantrix 系统 |
| 英国 | Syrris | Africa、Asia、Titan 系统 |
| 中国 | 豪迈 | 微反应器系统 |
| 中国 | 沈氏 | 军工级别微反应器系统 |
| 印度 | ITS Corporation | 微反应器、加氢反应器 |
| 中国 | 微井科技 | 固态连续化反应器系统、微反应器 |
| …… | …… | …… |

# 1.3　微尺度流体力学基础

## 1.3.1　微尺度流体间的作用力

在任何微小剪切力持续作用下连续变形的物质叫做流体。流体流动状态的描述主要有层流（laminar）和湍流（又称紊流，turbulence）。流体在流动过程中有分层现象，并且层与层之间没有相互渗透的状态称为层流；流体在流动过程中不存在分层现象，可充分混合渗透，称为湍流。层流时流体无纵向运动，湍流时流体有纵向运动。层流和湍流的状态通常通过雷诺数来界定。雷诺数（Reynolds number）是一个用来表征流体流动情况的无量纲数：

$$Re=\frac{\rho ud}{\mu} \tag{1-1}$$

式中 $u$——流体流速，m/s；

$\rho$——流体密度，$kg/m^3$；

$\mu$——流体黏度，Pa·s；

$d$——特征长度，m。

流体在圆管内流动，一般采用下列方式判定流体状态：$Re<2000$，为层流；$Re=2000\sim4000$，为过渡型流；$Re>4000$，为湍流。

对于微通道反应器而言，与普通的圆管不同，其具有很小的特征尺度和很大的比表面积。研究微通道内的流体流动，必须结合毛细现象和表面效应。

表面力（表面张力）源于分子间作用力（范德瓦耳力），虽然分子间作用力是小尺度的（<1nm），但可以影响到较大的尺度（>0.1μm）。在微通道内部的微尺度下，大的比表面积使表面力的作用增强。

在某些比较特殊的条件下，微通道内的流体不会再遵循 NS 方程规则，所以微尺度的流动规律与宏观条件下的流动状态，有着极大的差别。比如流体在通过梯度比较大的区域（这种区域的速度和压力在几倍分子自由程空间距离内有极其明显的变化）时，会发生稀薄效应，所以稀薄性问题也需要考虑进去。尽管在微尺度下流场速度变化不是很大，但是黏性作用的增强，也会使得压力的变化相比于宏观尺度下放大许多，引起流场当中密度分布不均匀的情况，所以还要考虑可压缩性。

宏观尺度下，因为壁面有足够多的分子与之发生碰撞，所以流动问题的壁面条件一般都是采用速度无滑移条件。但到微尺度下，因为尺寸的问题并不能保证壁面与分子具有充分高的碰撞频率，所以肯定会引起壁面处的速度滑移。综合来看，微小化的尺度特征，会使壁面的微观结构也成为影响微尺度下流动特性的一个极其重要的因素。

## 1.3.2 微通道内两相流流型

研究者对微通道内两相流体的流动状态进行了大量的实验研究。在不同的两相表观流速下，会出现多种不同的流型状态，如表 1-2、表 1-3 所示。

表 1-2　微通道气液两相流流型

| 类型 | 产生条件 | 特征 |
| --- | --- | --- |
| 泡状流 | 气相表观流速相对较低，液相表观流速较高 | 液相为连续相，而气相则为分散相。气泡会呈现出球形，以不规则的形式分散在液相当中，气泡的尺寸不会超过通道内部的直径 |
| 弹状泡状流 | 在泡状流的基础上，气相表观流速略微增大 | 介于泡状流和弹状流之间，在气弹后面会紧紧跟随一个或多个不规则的球形状气泡 |
| 弹状流 | 气相、液相的表观流速相对适中 | 类似子弹一样的流体形状，流体内部的气弹与气弹之间会被液弹隔开。气弹的长度一般不小于通道的直径 |
| 弹状环状流 | 在弹状流的基础上，气相表观流速持续增大 | 气体的流量变大，使相近的气泡发生汇聚现象。通道的中心形成一个贯通的气柱，气柱和通道的壁面被液膜隔开，每过一段时间这个贯通的气柱会和液膜之间的界面发生一个较大幅度的波动 |
| 环状流 | 在弹状环状流的基础上，气相表观流速进一步增加 | 通道内部出现一个稳定的气柱，气柱和管道之间是一种连续而稳定的液膜，气柱与液膜之间的界面不会出现波动 |

表 1-3　微通道液液两相流流型

| 类型 | 产生条件 | 特征 |
| --- | --- | --- |
| 滴状流 | 水油两相流量比为 0.03～0.91 和 2～32 | 微通道内水相或油相以液滴形式存在，分为两种情况：单分散滴状流、相连液滴群流。微通道内滴状流型下的小液滴并不全部是以单分散式存在的，有时若干个小液滴连接在一起，构成珠链形的液滴串，尤其是在分散相流速较大的时候，小液滴更易连接在一起 |
| 弹状流 | 两相流量接近 | 在该流型下有机相和水相液柱会交替出现，通道内径小于分散相液柱的长度。弹状流流型比较稳定，两液相界面非常清楚，而且同相液柱也不会出现相连的情况，液柱的大小和分散都比较平均 |
| 并行流 | 两相流量比约为 1，表观流速较小 | 水油两相在通道内左右平行进行排布流动，液液两相界面也比较清楚，界面稳定，波动现象也不强 |
| 环状流 | 水油两相流量比为 0.43～2.4，且两相的流速都较大 | 两液相在通道内部呈同心圆的形式向前流动，流型状态比较稳定 |
| 不规则流 | 水油两相流量比为 0.63～2.67 | 流型的形状极其不规则，表观流速不大，两相的界面几乎没有什么太大的变化，流体的流动方式仍然以层流为主 |
| 弹状-环状流 | 水油两相流量比为 1.24～2.67，且油相和水相流速都偏大 | 处于弹状流向环状流过渡的一种状态，不稳定。液液两相的界面比较模糊，分散相形成的液柱有边界模糊的拖尾 |

续表

| 类型 | 产生条件 | 特征 |
|---|---|---|
| 紊乱流 | 两相的流量比为 1，表观流速＞0.45m/s | 水油两相几乎完全搅和在一起，无法分辨界面。此时通道内部的流体流动形式已经变成了湍流，流动状态复杂 |

## 1.3.3 流型形成机理分析

在水平的微通道内，液液两相流流型的主要影响因素为两相之间的界面张力、黏性力、惯性力，同时这些影响因素也会随着两相流速的改变而发生变化。结合已知的资料，可以用无量纲数群理论来解释观察到的流型转换。用雷诺数（*Re*）、韦伯数（*We*）、毛细管数（*Ca*）等无量纲数来定性地比较表面张力、黏性力、惯性力作用的相对大小。涉及的各个无量纲数的意义及表达式列于表 1-4，不同流型下的无量纲数的数值范围区间列于表 1-5。

**表 1-4 不同流型下的无量纲数意义及表达式**

| 无量纲数 | 意义 | 表达式 |
|---|---|---|
| 雷诺数（*Re*） | $\frac{惯性力}{黏性力}$ | $Re=\frac{\rho ud}{\mu}$ |
| 韦伯数（*We*） | $\frac{惯性力}{表面张力}$ | $We=\frac{u^2 d\rho}{\sigma}$ |
| 毛细管数（*Ca*） | $\frac{黏性力}{表面张力}$ | $Ca=\frac{u\mu}{\sigma}$ |

表达式中的无量纲数均为液液两相的平均无量纲数，$d$ 为微通道内径，速度 $u$ 为两液相表观流速之和，密度 $\rho$ 及黏度 $\mu$ 分别为两相的混合密度和两相混合黏度。

**表 1-5 不同流型下的无量纲数的数值范围**

| 流型 | 雷诺数（*Re*） | 韦伯数（*We*） | 毛细管数（*Ca*） |
|---|---|---|---|
| 滴状流 | 19.5～385.7 | 0.12～24.47 | $5\times10^{-3}$～$9\times10^{-3}$ |
| 弹状流 | 15.0～350.9 | 0.052～21.65 | $3\times10^{-3}$～$71\times10^{-3}$ |
| 并行流 | 123.9～309.9 | 1.87～23.11 | $28\times10^{-3}$～$73\times10^{-3}$ |
| 环状流 | 73.4～479.9 | 1.55～53.65 | $21\times10^{-3}$～$112\times10^{-3}$ |

续表

| 流型 | 雷诺数（*Re*） | 韦伯数（*We*） | 毛细管数（*Ca*） |
| --- | --- | --- | --- |
| 不规则流 | 36.4～471.1 | 0.22～50.48 | $6\times10^{-3}\sim107\times10^{-3}$ |
| 弹状-环状流 | 316.4～436.2 | 19.32～38.77 | $61\times10^{-3}\sim89\times10^{-3}$ |
| 紊乱流 | 539.9～599.9 | 67.9～83.83 | $126\times10^{-3}\sim140\times10^{-3}$ |

由以上无量纲数的物理意义及不同流型下数值范围比较可以得出：总体来说，在微通道内液液两相流流动中，代表惯性力与黏性力相对大小的雷诺数（*Re*）的数值范围为 15.0～599.9，说明惯性力大小是黏性力大小的 15～600 倍；代表惯性力和表面张力相对大小的韦伯数（*We*）的数值范围为 0.052～83.83，说明惯性力与表面张力的大小根据流动的具体情况决定；而体现黏性力和表面张力相对大小的毛细管数（*Ca*）的数值范围为 $3\times10^{-3}\sim140\times10^{-3}$，表明表面张力比黏性力大 1～3 个数量级，黏性力相对表面张力和惯性力而言，对流型的影响可以忽略。

当水油两相中固定一相流速（较小），另一相流速不断增大，这时流型以滴状流和弹状流为主。两相流量比接近 1 时，以弹状流为主，两相流量比与 1 相差较大时，流型主要是滴状流。在这两种流型下，雷诺数（*Re*）介于 15.0～385.7，韦伯数（*We*）介于 0.052～24.47，表面张力起主导作用，尤其是在流速较小、惯性力小于表面张力的时候。当两液相在入口处接触时，表面张力倾向于使两相界面收缩，所以分散相易形成液滴。另外，这两种流型都比较稳定，界面清晰。特别是弹状流，分散相间的连接很少出现。

两相流速数值均较大的情况下，会出现并行流和环状流，但并行流仅在两相流量比约为 1 的情况下才会出现。对于这两种不同的流型，韦伯数大于 1，即惯性力大于表面张力。雷诺数（*Re*）较滴状流和弹状流时增大，即惯性力的作用有所增加；毛细管数仍远小于 1，可以得出黏性力对流动的影响不大。比较而言，在这两种不同的流型下，如果减弱表面张力，就很难形成分散相，两相在微通道内连续流动时，对流动起主导作用的是惯性力。并行流出现在流速比较小的实验条件下，雷诺数、韦伯数的最大值均比环状流的相应最大值小。这两种流型的一个共同点是流型稳定，界面清晰，但对于表观流速较大的环状流，惯性力随流速的增大而增大，导致界面波动随流速的增大而加剧。

不规则流和弹状-环状流是液液两相流型实验观察得到的两种不同的过渡流型。这两种流型都具有不稳定性，都是出现在一种流型向另外一种流型转变的条件下。由于不规则流的出现区域比较大且分散，雷诺数和韦伯数的范围波动也比较大。因为这种流型的出现是惯性力和表面张力相互作用导致的，所以也能够解释它为什么不稳定。弹状-环状流的雷诺数较大，但是韦伯数大小居中，其产生也是惯性力和表面张力共同作用导致的。

至于紊乱流，由于雷诺数和韦伯数都比较大，在实验条件下，惯性力的作用要超过表面张力。在实验中，紊乱流的两液相流量并没有明显的差距，而且表观流速很大，在通道的内部流动速度快，流动的形式也不是层流，所以拍摄到的流动图片难以寻找两相间的界面，流体系统的雷诺数会大于层流向湍流过渡的临界雷诺数。

## 1.3.4 微流体混合的研究方法

微通道内部的流体混合过程以及混合具体程度的表征方法是极其重要的。微通道的结构尺寸一般都比较小，结构比较复杂，对于流动和混合性能的研究有一定的难度，目前对于微通道内流体流动和混合过程的研究一般采用实验或者数值模拟来进行。

(1) 实验研究方法

对流体混合性能的实验研究方法主要是粒子或染料示踪法，包括激光诱导荧光示踪技术、染色剂示踪技术、微粒子图像测速技术。根据观察到的不同位置、流体的变化来判断流体流动和混合的过程，以及多相流操作中液滴的形成、发展和运动过程。

微通道的实验研究方法对仪器设备的要求较高。将液体注射到微通道中，需要极其精密的注射泵；观察和记录流体的流动混合过程，需要正反显微镜；在气液两相流下需要精密的气体流量计。

(2) 数值模拟研究方法

微通道结构尺寸小，结构复杂，很多实验无法获取具体的参数。目前对于微通道的结构设计和优化尚无明确的原理可以参考。数值模拟的研究方法近年来成为了微通道流体流动和混合研究的主要方法。数值模拟研究可以获得实验法难以测量的具体数据。数值模拟研究法分为单相流数值模拟法和多相流数值模拟法。

多相流数值模拟的方法是在流体力学、物理化学、传热传质学、燃烧学等学科基础上慢慢建立起来的。多相流模型主要包括欧拉模型、混合模型、气穴模型和 VOF 模型等。

目前研究的方向是气液、液液多相流中，气泡或分散相微液滴形成的机理，操作参数和流体物性参数对气泡或微液滴的形成、成长和流动的影响，以及微液滴流动的控制等。

常用软件：Fluent、CFX、STAR-CD、STAR-CCM+、phoneics、flow-3d、airpak、icepak、flotherm与OpenFOAM。

# 第2章 连续流技术设备

## 2.1 微混合器

### 2.1.1 微混合技术

混合是化工过程中的重要单元，混合效果将直接影响后续过程的效率。自 20 世纪 90 年代以来，随着纳米材料以及微机电系统的迅速发展，人们对微尺度和快速反应过程进行了大量研究。微混合技术（图 2-1）受到了各国研究者的高度关注。

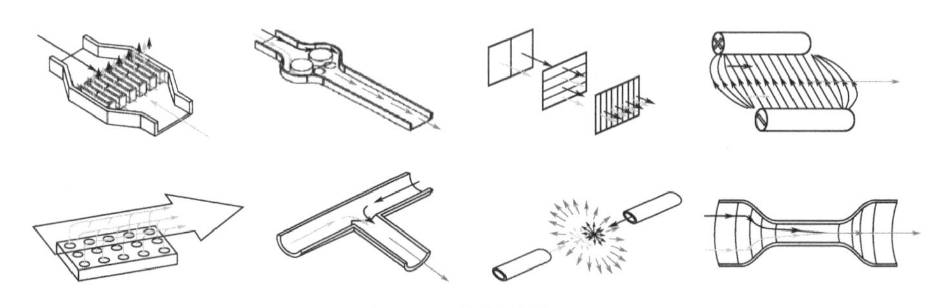

**图 2-1 微混合技术**

微混合原理：微混合系统中，依赖于混合器自身的几何形状所产生的特殊流动状态来达到一定的混合效果。其基本特征包括：

① 层流剪切　流动截面上不同流线之间产生相对运动，引起流体微元变形、拉伸、折叠，增大流体间的界面。

② 延伸流动　通道几何形状的改变，改变流动速度，产生延伸效应，

改进混合质量。

③ 分布混合　流体分割重排再结合，减小流层厚度，增大流体间的界面。

④ 分子扩散　微通道直径是微米级别，分子扩散路径短，分子扩散效率高。

## 2.1.2　静态微混合器及使用

静态微混合器（图 2-2）可实现流体间快速、均匀的混合，且混合体积小，具有常规混合技术不可比拟的优势。微混合器内的混合主要依靠扩散和混沌对流来实现。

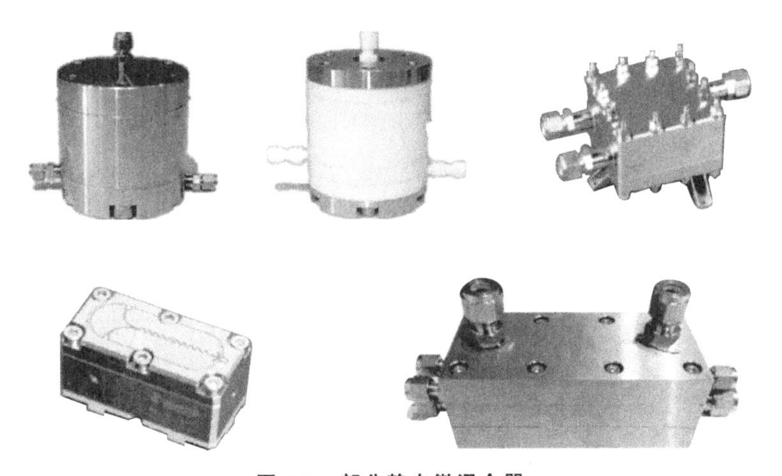

图 2-2　部分静态微混合器

静态微混合器作为一种连续化设备，结合了流体模拟、机械设计、精密加工、密封技术、化学腐蚀等多学科技术，具有高效混合、高效传质等多种优势。由于混合通道不同，静态微混合器的种类有很多，具有代表性的有星型微混合器、阶梯型微混合器等。

星型微混合器，是将一系列的不同类型的混合芯片交错紧密排列在一起，流体通过不同的通道，经过不同类型的混合芯片，汇集到芯片的中心区域进行混合。在该混合器中，两股流体分别通过一个带坡形壁面的通道结构对流注入混合单元。通过狭缝状交叉型通道可以形成两种待混合流体的流动薄层周期性结构。层流流体在与入口流体垂直的方向上离开混合器，由于流体薄层的厚度非常小，通过这样的扩散过程即可实现快速混合。

阶梯型微混合器，也是将一系列的不同类型的混合芯片交错紧密排列在一起，流体通过不同的通道进行混合，物料逐层流动。阶梯型微混合器的上下两侧，设计有双面换热通道。

静态微混合器的主要功能是强化物料混合，其自身持液量有限，并且大多数静态微混合器本身不带有换热功能，所以在使用时需要连接延时盘管（图 2-3）。物料采用进料泵输送，泵出口通过管线连接至静态微混合器入口，静态微混合器出口连接延时盘管。延时盘管采用冷热（温控）一体机和导热油控制反应温度。

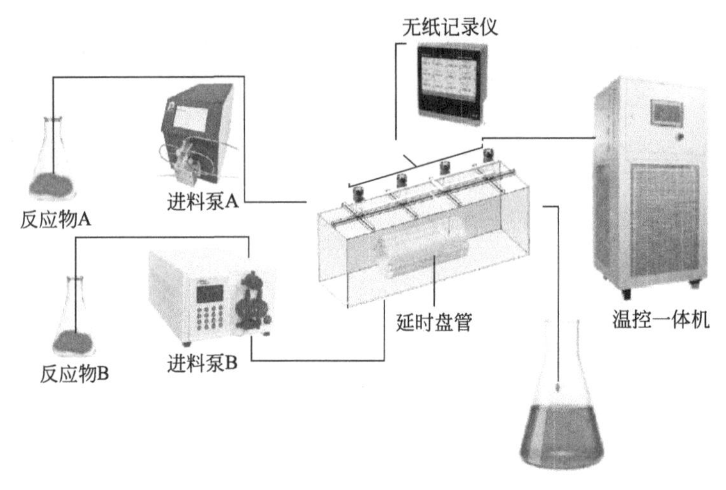


**图 2-3 微混合器+盘管套装**

静态微混合器的选择要考虑物料的黏度、固体颗粒、腐蚀性、压降等。为了满足不同实验的需要，其设备有多种材质，如 316L、哈氏合金、PTFE（聚四氟乙烯）、锆、钛等。

静态微混合器可以在很宽的黏度范围内使用（0～106mPa·s），也可以在层流、混沌流、湍流等不同流型下使用，还可以用于间歇、连续操作。主要的应用领域有萃取、乳化、气体溶解、纳米材料制备等。

静态微混合器需要定期维护和保养，常见的问题是腐蚀和堵塞。设备材质选择不合适、腐蚀性物料残留等容易造成设备的损伤。使用时应注意如下几个方面。

① 在反应温度、压力条件范围内，设备材质可以耐受物料腐蚀。

② 反应过程中无固体颗粒和黏稠聚合物存在。

③ 实验结束，尽快采用溶剂，多次浸泡、冲洗反应器，确保无物料残留。

④ 设备需存储时，内部需吹干或用乙醇充满。

# 2.2 板式微通道反应器

## 2.2.1 板式微通道反应器简介

板式微通道反应器的原理来自于微型微通道换热器。板式微通道反应器具有高效换热、高效传质等优势，作为连续化设备，走在了化工行业设备改革的前沿。结合精密进料系统、等梯度温控设备、自动化控制软件，可以实现化学反应的精细化控制、连续化控制、密闭式控制；集安全、高效、节能、环保、智能于一体。

板式微通道反应器主要用于精细化学品合成过程、微米纳米材料的制备和日用及医用化学品的生产。尤其在放热剧烈的反应、反应物或产物不稳定的反应、反应物配比要求严格的快速反应、危险化学反应及高温高压反应等方面表现出卓越的性能。

合格材质的选择（316L、HC、SiC、特殊玻璃、特殊金属等），精密加工技术的应用，结合温度精密控制设备，拓展了设备的温度使用范围（−30～200℃）、压力使用范围（0～10MPa），可以弥补传统实验过程中间隔性实验条件的不足。虽然该设备的容积较小，但通过连续化的方式，其年通量可达到 200～10000t。

## 2.2.2 板式微通道反应器结构类型

板式微通道反应器的制造过程是在金属/特殊材料板上，通过先进的机械加工技术，雕饰出特殊尺寸和特殊形状的微通道。目前，板式微通道反应器是备受关注的，在连续化工业化生产中取得的成功案例也是最多的。

国内外板式微通道反应器的研发机构及企业非常多，已经开发的微通道结构也是多种多样，如心型、伞型、线型、混合型（图 2-4）、八卦型、O 型等。

## 2.2.3 板式微通道反应器传质传热特点

板式微通道反应器最大的特点是双面换热。加工有微通道的反应板两

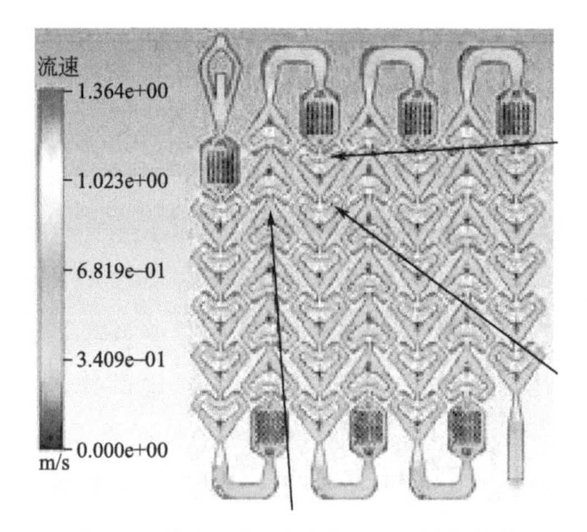


图 2-4 混合型板式微通道反应器的结构

侧，加附了两片换热板。换热板上有专门设计、加工的换热通道（图 2-5）。换热通道中常常选用导热油进行换热。换热通道具有较大的比表面积，换热介质的流动方向与反应介质相反，其换热效率非常高，与其他设备的换热能力对比如表 2-1 所示。

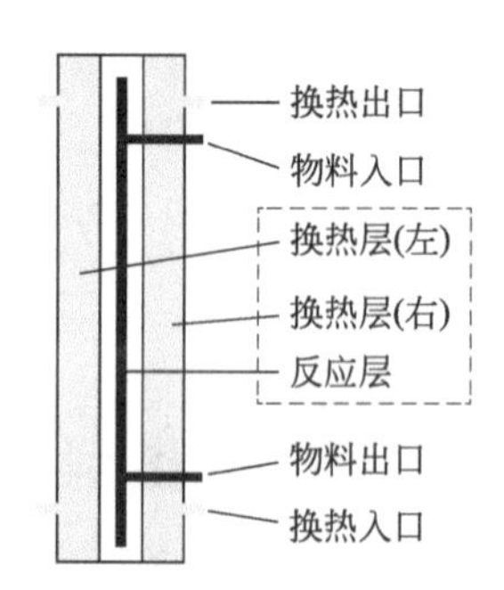


图 2-5 微通道双面换热结构

表 2-1 不同设备换热能力对比

| 设备 | 比表面积/($m^2/m^3$) | 换热系数/[W/($m^2 \cdot K$)] | 体积换热系数/[kW/($m^3 \cdot K$)] |
| --- | --- | --- | --- |
| 夹套换热 | 2.5 | 400 | 1 |
| 内盘管换热 | 10 | 1000 | 10 |
| 列管换热器 | 400 | 500 | 200 |
| 板式换热器 | 800 | 2000 | 1600 |
| 板式微通道反应器 | 2500 | 2000 | 5000 |

特殊的通道形态，可以通过流速变化、流体碰撞，强化流体流动过程中相互混合的效率（图 2-6）。微型化的特征尺度，使传热、传质性能显著强化，而且可以较好地保证流体流动的均匀性。

**图 2-6　流体混合状态**

板式微通道反应器的特征尺寸在 10～1000$\mu$m 之间。与常规釜式反应器相比，反应通道的比表面积增加了 100～1000 倍。反应器内部体积减小，使温度分布能够在短时间内实现均一化；比表面积增大，提供了更多对流传热空间。传质过程主要是分子间扩散，根据菲克定律，分子间扩散距离和时间的关系如下：

$$L=\sqrt{2Dt} \tag{2-1}$$

式中，$L$ 为扩散距离；$D$ 为扩散系数；$t$ 为时间。扩散距离减小，扩散时间缩短，能够实现快速混合。如室温下，一个水分子扩散通过 1mm 的距离需要大约 200s 的时间，但是通过 50$\mu$m 的距离只需要 500ms 的时间。另外，比表面积的增大为传质过程提供了更大的场所，特殊通道结构产生的湍流，为传质过程提供了更多的机会。

在微通道中进行反应，可以实现物料停留时间的精确控制，物料停留时间分布曲线（图 2-7）可以为微通道反应器中物料无残留、物料零返混提

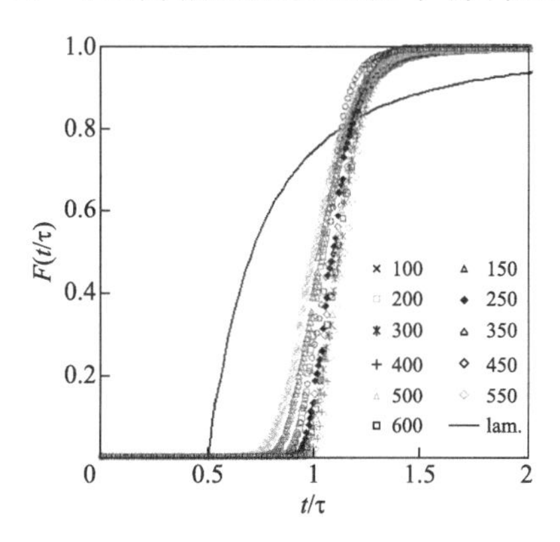


**图 2-7　停留时间分布曲线**

供依据。

板式微通道反应器在温度监控、进料控制等方面还有独特的优势。反应板上可以多位点设计物料进出口和温度检测口，可以满足多位点进料和中间进料的需求；同时，温度探头直接接触物料，温度检测更准确，多检测点分布，对实验温度的考察更全面。

## 2.2.4 板式微通道反应器的使用

板式微通道反应器的使用，需要配套其他辅助设备，共同搭建成一个设备套装（图 2-8）。进料泵计量物料的进料速度和配比，冷热一体机控制反应温度，无纸记录仪监控反应物实时温度。板式微通道反应器特别适用于反应迅速、放热量大的液液反应，如硝化反应。

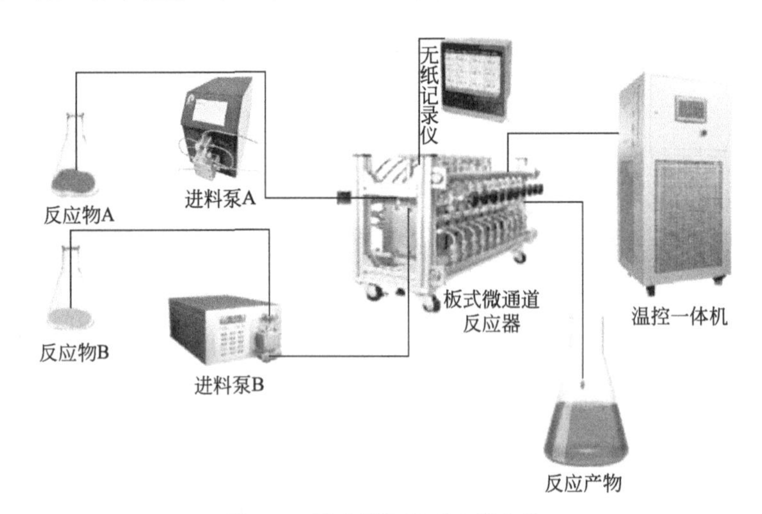


**图 2-8 板式微通道反应器套装**

板式微通道反应器和配套设备需要定期维护和保养，常见的问题是泄漏、堵塞和腐蚀。使用时应注意以下几个方面。

① 在反应温度、压力条件范围内，设备材质可以耐受物料腐蚀。

② 反应过程中无固体颗粒和黏稠聚合物存在。

③ 腐蚀性尾气及时处理，避免腐蚀电器元件。

④ 实验结束，尽快采用溶剂，多次浸泡、冲洗反应器，确保无物料残留。

⑤ 设备存储时，内部吹干或用乙醇充满，注意防尘。

# 2.3 管束式微通道反应器

## 2.3.1 管束式微通道反应器的特点

管束式微通道反应器是微通道反应器的一种类型，采用列管换热器的基本结构。由于管道内部的结构不同，管束式微通道反应器有很多种类型，常见的有普通管道型、内部隔板管道型、插片式空间网状型等。不同的型式，对于流体的混合效果不同，应用的范围也不同。

管束式微通道反应器的换热方式为单面（外面）换热。其换热比表面积比传统釜式反应器大几百至几千倍，具有高效的换热效率。具有如下优点：流体的有效混合，物料的均匀分布，快速高效的热传递，热敏性流体精确加热，停留时间分布窄，容易清理和维护。另外，其工业化可以实现绝对的无放大效应，因为工业化设备是反应器列管数量的叠加，进行原尺寸、平行放大。基于其紧凑的设备结构，可以将体积流量由 1L/h 放大至 1000L/h 的规模。

插片式空间网状型管束式微通道反应器（图 2-9），是管束式微通道反应器中比较成功的案例。目前拜尔公司、豪迈公司、微井公司拥有该项技术。其结构特点是采用锯齿形，多层插片，在矩形管道内构建成空间网状微通道结构。

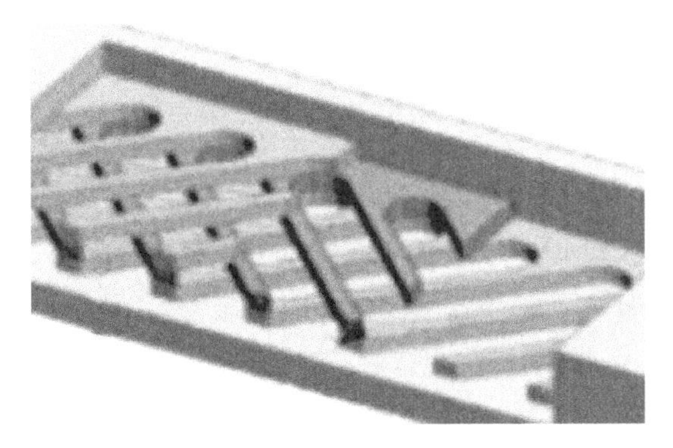

图 2-9 插片式空间网状结构

整体设备的组装方式为多根矩形管并联，相互之间采取无缝隙、无串液连接。矩形管道之间保留一定的空间，换热介质（导热油）在空间中流动进行换热。通过增加矩形管的长度和数量，可以增大设备的通量或处理量。

## 2.3.2 管束式微通道反应器的使用

管束式微通道反应器与板式微通道反应器在使用方式上是一致的（图2-10)，需要串联进料系统和温控系统。对设备的日常维护和保养需注意以下几点：

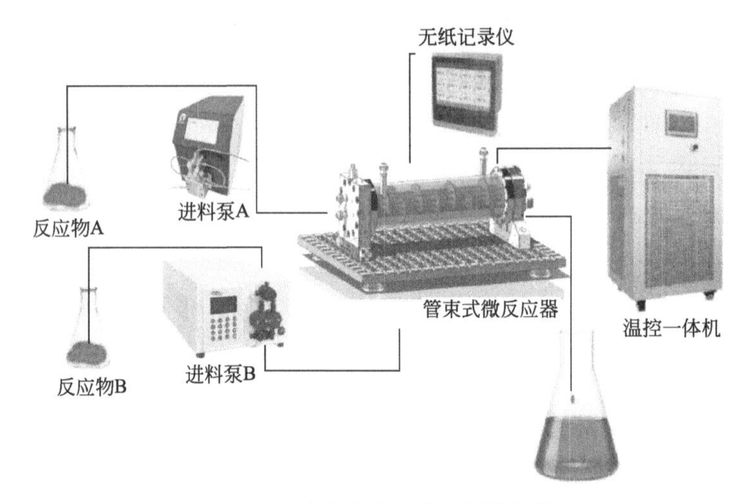


**图 2-10　管束式微通道反应器套装**

① 在反应温度、压力条件范围内，设备材质可以耐受物料腐蚀。

② 反应过程中无固体颗粒和黏稠聚合物存在。

③ 腐蚀性尾气及时处理，避免腐蚀电器元件。

④ 实验结束，尽快采用溶剂，多次浸泡、冲洗反应器，确保无物料残留。

⑤ 设备存储时，内部吹干或用乙醇充满，注意防尘。

⑥ 注意环境湿度，保持设备干燥，防水防锈。

⑦ 设备表面及时清理化学品和灰尘，注意请不要使用酸性清洁剂。

⑧ 清洁所有暴露在外的电器部件（注意断电)。

⑨ 部分单向阀、球阀进行防护。

⑩ 设备不能长时间闲置，要经常通电、调试。

# 2.4 微气泡反应器

## 2.4.1 微气泡高效传质理论

根据直径不同，气泡可分为大气泡（$d>100\mu m$）、微米气泡（$10\mu m<d\leqslant100\mu m$）、微纳米气泡（$0.1\mu m<d\leqslant10\mu m$）以及纳米气泡（$d\leqslant0.1\mu m$）。通常微米气泡、微纳米气泡以及纳米气泡可统称为微气泡。微气泡由于尺寸较小，具有很多的特殊性能。

(1) 微气泡在溶液中停留时间长

浮力公式：

$$f_{浮}=\rho gV \tag{2-2}$$

式中 $\rho$——液体密度，$kg/m^3$；

$g$——重力加速度，$m/s^2$；

$V$——气泡体积，$m^3$。

在液体中，气泡的体积越小，受到的浮力越小，在液体中上升速度越慢；体积越大，浮力越大，在液体中上升速度越快。

斯托克斯法则：

$$v=\frac{gd^2}{18a} \tag{2-3}$$

式中 $v$——气泡的上升速度，m/s；

$g$——重力加速度，$m/s^2$；

$d$——气泡直径，m；

$a$——液体中动态黏性系数，$m^2/s$。

根据斯托克斯法则可得出微气泡理论上升速度、实际测量值与气泡直径的关系（图 2-11）。

微气泡由产生到最终破裂消失会存在几十秒钟甚至几分钟，而一般的气泡会很快破裂消失，存在时间较短。有研究表明，直径为 1mm 的气泡在水中的上升速度为 6m/min，直径为 10μm 的气泡在水中的上升速度为 3mm/min。微气泡在水中的上升速度非常缓慢，所以可停留较长时间。

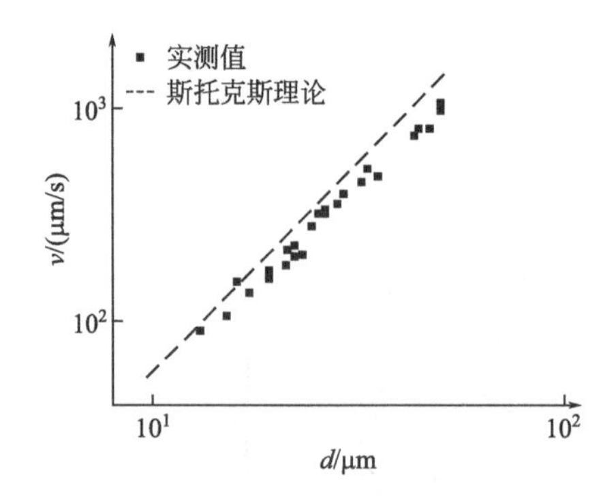


**图 2-11 微气泡直径与上升速度之间的关系**

(2) 微气泡表面带负电荷

相对于普通气泡，微气泡所带负电荷比较高，一般 30μm 以下的气泡的表面负荷在－40mV 左右，这也是微气泡能大量聚集在一起、较长时间不破裂的原因之一。利用微气泡的带负电性，可以吸附带正电的物质，对悬浮物或污染物的吸附和分离起到很好的效果。

(3) 界面动电势高

微气泡的表面会吸附带电荷的离子如 $OH^-$，而在 $OH^-$ 离子层周围，又会分布反电荷离子层如 $H^+$，这样微气泡的表面就形成了双电层，双电层界面的电位又称为界面动电势，界面动电势的高低在很大程度上决定了微气泡界面的吸附性能。因为微气泡具有收缩性，使得电荷离子在短时间内大量聚集在气泡的界面，一直到气泡完全破裂溶解之前，界面动电势一直都会升高，表现出对水中带电粒子的吸附性能增加。

(4) 微气泡气液传质效率高

液体中气体的体积及其直径的大小决定了气液的比表面积：

$$a=6H_0/d_B \tag{2-4}$$

式中 $a$——比表面积，$m^2/m^3$；

$H_0$——气体在溶液中的存留率；

$d_B$——气泡的直径，m。

气液的比表面积决定了气体的传质速率，气体在溶液中存留率 $H_0$ 越大，直径 $d_B$ 越小，气液比表面积值 $a$ 越大，气泡在液体中的传质速率越大。

同时，根据气液界面的表面张力理论，气泡的直径越小，表面张力对气泡的影响越明显。由于微纳米气泡直径非常小，受到表面张力的影响，其表面不断收缩，直径进一步缩小，气泡内部压力增大，当收缩过程达到某个极限值时，微纳米气泡内部气压将趋于无限大，最终导致微纳米气泡溶于溶剂或在溶剂面破裂消失。最新研究表明，20～40μm 的气泡会以 1.3μm/s 的速度收缩到 8μm 左右，然后收缩速度会突然急剧增加，此后可能进一步分裂成纳米级气泡或者完全溶解。在此过程中，即使溶剂中气体溶解率达到过饱和状态，微纳米气泡在溶剂中具有较大的比表面积，仍可实现气液传质，具有较高的传质效率。

## 2.4.2　板式微气泡反应器

### 2.4.2.1　板式微气泡反应器结构

板式微气泡反应器（图 2-12）是结合材料科学和微通道技术开发的。板式微气泡反应器主要包括两种通道结构：微气泡混合通道、气液反应通道。

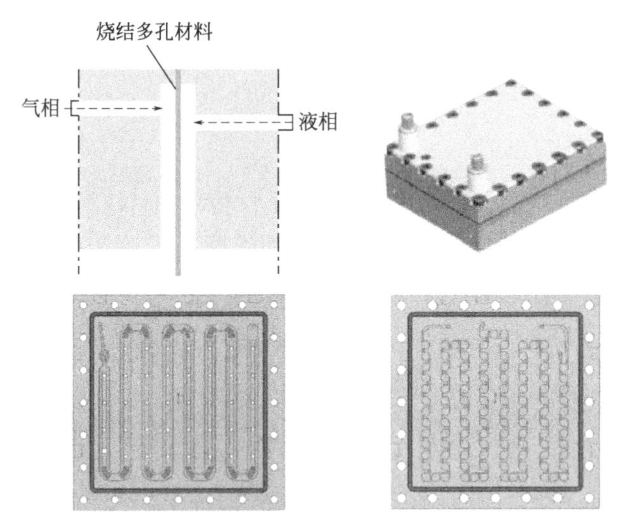


图 2-12　板式微气泡反应器原理图

微气泡混合通道的关键部件是多纳米孔的片状烧结材料。其工作原理是：多纳米孔片的一面为高压气体，一面为反应液；通过气体压力的驱动、气体流量计的控制、纳米孔的剪切、液体的刮扫，实现微气泡的产生和气液混合。

气液反应通道具有特殊的通道构型，是一种特殊的微通道结构。这种通道构型是通过数值模拟优化出的适合于微气泡与液体反应的构型。

### 2.4.2.2 板式微气泡反应器的使用

板式微气泡反应器的外形和装配，与其他微通道反应器相似。反应片采用双面换热结构，多组并联，集成于设备框架中。配备热电阻，直接接触反应物料，结合无纸记录仪进行温度监测。反应片预留进料口，可以实现气体、液体的中间进料。设备体积小，方便放置于实验室台面。设备搭建方式如图 2-13 所示。

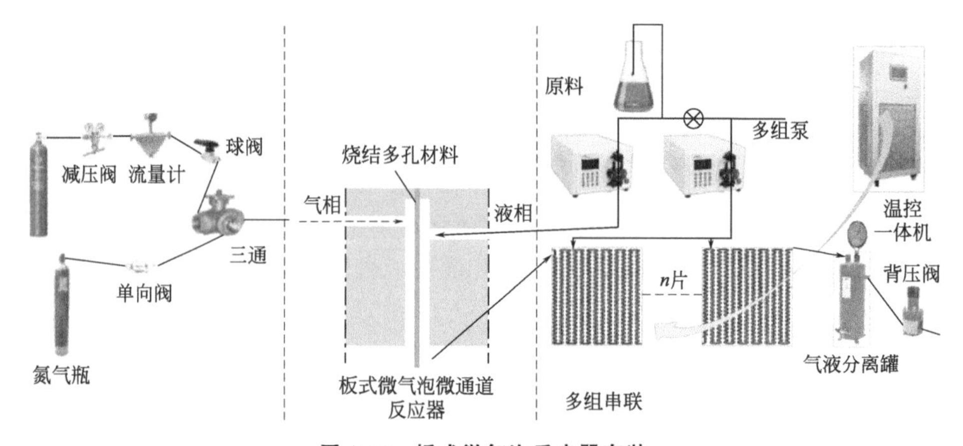


**图 2-13 板式微气泡反应器套装**

板式微气泡反应器适用于气液非均相反应，如 $O_2$ 氧化反应、$H_2$ 还原反应等。需要特别指出，它属于微通道反应器，不适用于固体参与或生成的反应，因为固体的存在会导致堵塞隐患。

设备使用过程中，需要配备气体进料控制系统、体系背压系统、液体进料控制系统、温度控制系统等，连接方法如下：

① 气路 气体钢瓶连接减压阀、流量计、气体单向阀，再连接至板式微气泡反应器的气体入口。

② 液路 原料储罐连接进料泵，再连接至板式微气泡反应器的液体入口。

③ 油路 冷热一体机连接导热油管，连接至反应器。

④ 背压 设备出口连接至气液分离罐，气液分离罐配备压力表和减压阀。减压阀出口连接尾气处理装置。

板式微气泡反应器属于微通道反应器，其日常维护和保养要点与其他微通道反应器相同。

# 2.5 动态管式反应器

## 2.5.1 动态管式反应器简介

动态管式反应器（图 2-14、图 2-15），不同于传统的管式反应器（直通管式），它具有机械搅拌、双面换热、自控检测等功能。特殊的搅拌设计，具有高效传质、无返混等优点；双面换热设计，保障了设备的高效换热能力；配备了控制电柜，具有安全防护、温度监控、压力监控、压力智能调节等功能。可以实现化学反应的精细化控制、连续化控制、密闭式控制；集安全、高效、节能、环保、智能于一体。

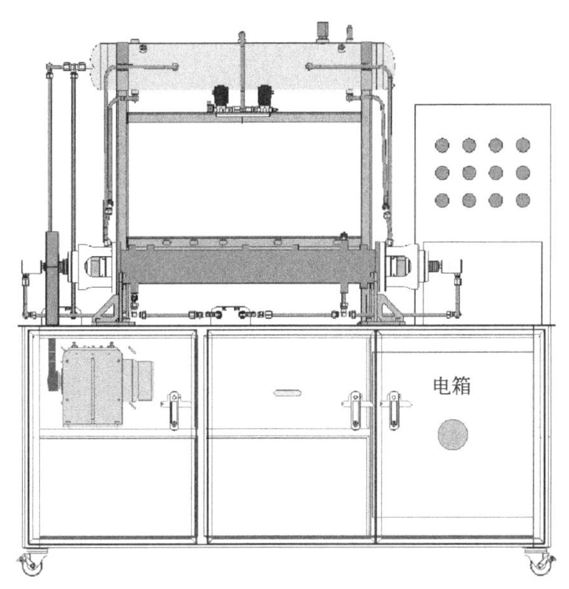


图 2-14　动态管式反应器结构

动态管式反应器适用于有黏稠液体、固体参与或生成的反应，在化工领域具有非常广阔的应用前景。在固体适应性方面，弥补了微通道反应器的不足。

设备的材质有多种选择（316L、HC、Zr 等），可以满足不同实验的需求。设备的温度使用范围（－15～150℃），压力使用范围（0～2MPa），可以弥补传统实验研究条件的不足。虽然该设备的容积较小，但通过连续化的方式，其年通量可达到 10000t。

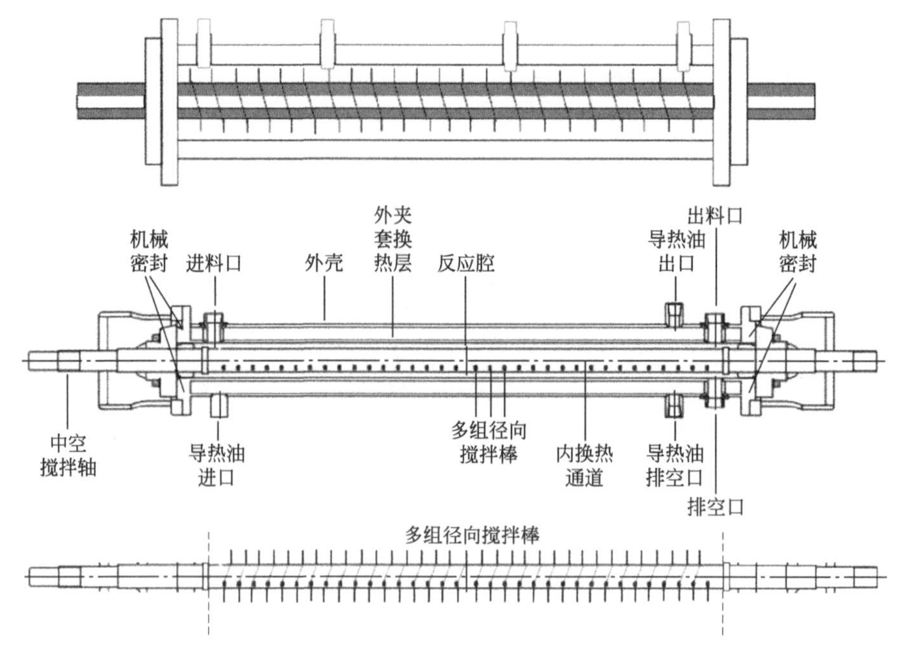


**图 2-15 动态管式反应器反应腔剖析**

动态管式反应器主体包括设备框架、稳压罐、变频电机、搅拌轴、旋转机封、压力感应器、温度感应器、控制电柜等。

动态管式反应器在搅拌设计，不同于传统的搅拌形式。搅拌轴只提供切向的剪切力，在局部空间形成涡流，强化混合。搅拌轴不存在轴向的推动力，不存在返混现象。根据反应适应性的不同，设备有立式和卧式两种类型，其中立式反应器更适合气体生成的反应。

## 2.5.2 动态管式反应器的使用

动态管式反应器适用性强，与微通道反应器相比，其适合固体参与的反应。强烈的机械搅拌，使固体不会发生沉积和堵塞。实际使用过程中的设备搭建方式如图 2-16 所示。设备可以搭配蠕动泵、隔膜泵，输送浆料；可以搭配固体进料器输送固体物料。设备的热量置换依然采用冷热一体机协助。

控制电柜具有控制、制动、显示、智能调节等功能。动态管式反应器通过配备稳压罐，提升了其压力使用范围。通过调节稳压罐的压力，平衡反应腔的压力，可以为反应提供 0～2MPa 的压力。

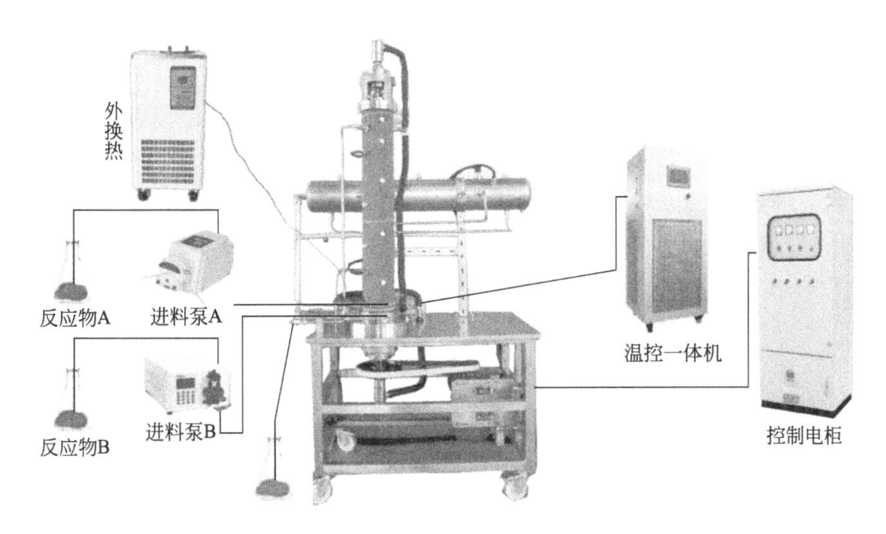


**图 2-16　动态管式反应器套装**

动态管式反应器在使用过程中要注意维护和保养，设备运行一定时间后，要对设备进行检查和维修。应注意以下几个方面。

① 做完反应，及时清理。

② 稳压罐的冷却液要定时更换：蒸馏水 100h 更换一次；乙醇 1000h 更换一次。

③ 注意环境湿度，保持设备干燥，防水防锈。

④ 设备表面及时清理化学品和灰尘，注意请不要使用酸性清洁剂。

⑤ 清洁所有暴露在外的电器部件（注意断电）。

⑥ 确认停止按钮功能正常。

⑦ 对部分单向阀、球阀进行防护。

⑧ 设备不能长时间闲置，要经常通电、调试。

## 2.6　固定床反应器

固定床反应器是适用于气液固三相态反应的连续化反应器，在石油化工行业的催化裂解中应用较广泛。固定床反应器将催化剂进行集中负载，反应过程中，催化剂处于超配比状态。另外，通过背压调节气液体积比、通过气液分配器优化混合状态，以强化反应环境、缩短反应时间，实现连续大通量生产。

固定床反应器（图 2-17）的基本组成包括：气体计量系统、液体计量系统、液体预热器、气液分配器、冷氢管、气液冷却器、气液分离器等。其中，气液分配器是最主要的核心部件，它决定了气液均匀混合的效果。如果气液混合不均匀，局部配比失衡，在连续、无返混的反应过程中，永远不能实现物料的完全反应。目前已经开发的气液分配器有很多种类，如 CZ 型分配器、BL 型分配器、Union Oil 分配器、喷嘴式分配器等。

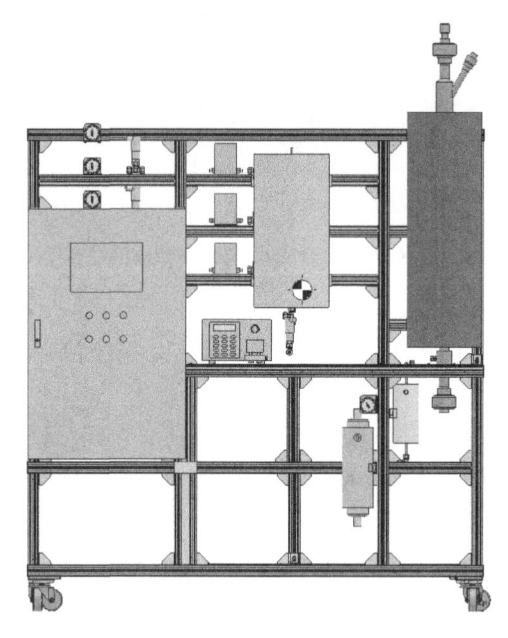

**图 2-17 固定床反应器套装**

固定床反应器使用的催化剂，需要进行固化成型，对催化剂的尺寸有特殊的要求。粉末状的催化剂不适合固定床反应器，需要预留一定的空隙，以适应物料流动和减小流动压降。目前固定床反应器使用的催化剂有多种形状，如球形、圆柱形、三叶草形、梅花形等。不同形态的催化剂具有不同的成型技术、载体性质、耐压能力、负载容量。

常用的催化剂主要包括贵金属催化剂（如 Pt、Pd）和非贵金属催化剂（如 Mo、W、Ni、Co 等）两类。常用的催化剂载体包括活性炭、无定形硅铝、无定形硅镁、改性氧化铝等。催化剂在使用的过程中，一般使用多层分级装填的方式。在床层最底部，一般填充保护剂，由惰性物质组成，粒径偏小，空隙率小，减少催化剂的流失。底部保护剂的上层，为催化剂床层，填充精制的、粒度均匀的催化剂。催化剂床层顶部，一般装填不同粒度、形状、空隙率和反应活性低的催化剂，具有较大空隙率。在最上层，一般也填充保护剂，主要由惰性物质组成，粒径偏大，起到强化气液分配的作用。

目前固定床反应器，在石油化工行业应用较多，在精细化工领域，应用的大部分是催化剂评价装置。催化剂评价装置容积较小（10～100mL 不等)，主要用作催化剂性能的理论研究。随着连续流技术的开发，固定床反应器在精细化工领域也占据了一定地位，可以实现小试及中试生产，其不仅可以应用在催化加氢反应中，还适用于氧化、氨化等气液反应。

# 2.7　回路反应器

回路反应器（图 2-18)，也是连续流反应设备的一种，它可以通过循环反应，延长反应时间，提升反应效率，适用于传质受限的非均相反应，特别是气液反应。

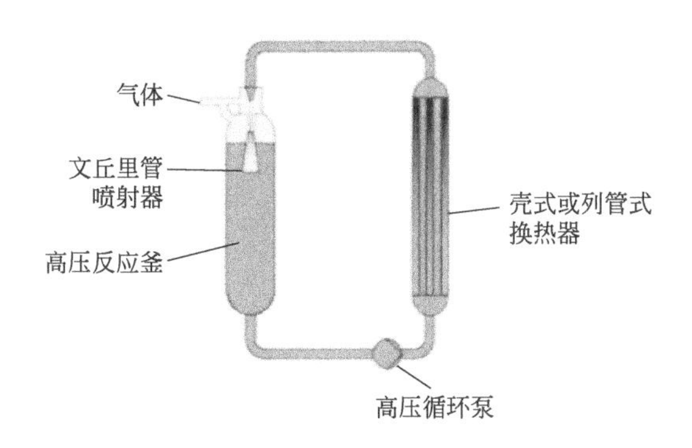


**图 2-18　回路反应器**

回路反应器的组成主要包括：高压反应釜、高压循环泵、热交换器和文丘里管喷射器。文丘里管喷射器是设备的核心，是保障气液混合效率的关键设备。文丘里技术利用高速流动相卷吸其他相，以相对低的能源消耗获取良好的混合效果。回路反应器中气液混合的方式，不同于传统的鼓泡混合、搅拌混合，高速液体的剪切作用使气体破碎成非常小的气泡，产生很大的气液接触比表面积，提高了传质速率。高压循环泵为流动相提供动力，整个反应过程形成良好的环流，保障反应持续进行。

# 2.8 离心萃取机

离心萃取技术是一种借助离心力场实现液液两相的接触传质和相分离的实用技术，它是液液萃取和离心技术相结合的一种新型高效分离技术，相比于其他萃取技术具有两相物料接触时间短、分相速度快、在设备中存留量小、操作相比范围宽等特点。此项技术现已被应用于湿法冶金、制药、废水处理、核能、石油化工、精细化工等众多领域中。

离心萃取机（图 2-19）是一种液液萃取设备，料液在旋转部件的作用下完成混合传质和离心分离的过程。根据混合方式的不同可分为环隙式离心萃取机、搅拌轮型离心萃取机。环隙式离心萃取机物料在壳体与转鼓之间混合，混合强度高；搅拌轮型离心萃取机物料主要通过与轴相连的搅拌浆进行混合，混合强度相应降低。目前，两种离心萃取机在市场上都有广泛的应用，拥有各自独特的应用领域。其具体特点如下：

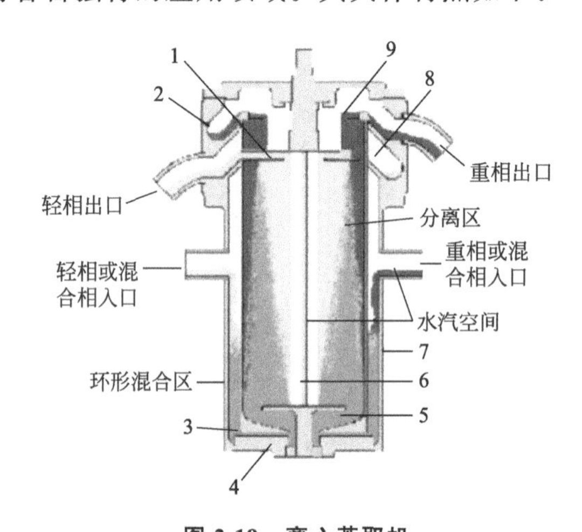


**图 2-19 离心萃取机**

1—轻相堰板；2—收集腔；3—转鼓；4—底部叶轮；5—分散盘；6—叶片；7—壳体；8—收集腔；9—可调重相堰板

① 设备体积小、平衡时间短、萃取剂槽存量少。

② 设备处理量大，功耗低。

③ 自动化程度高、操作简单。

④ 能实现萃取系统密闭操作，操作环境好。

⑤ 设备结构紧凑，占地面积小。

⑥ 能够适应间歇式或连续式运转。

⑦ 转速和混合方式调整方便，能适应不同萃取体系要求。

⑧ 采用上悬式结构，无底部轴承与机械密封，无渗漏风险，无易损件，维护简单方便。

⑨ 更换重相堰板时无需拆卸电机及轴承。

离心萃取机主要包括两个工作过程，即混合传质与离心分离。离心萃取机可以自动连续完成混合和分离两个过程。

(1) 混合传质

水相和有机相进入离心萃取机后由高速旋转的转鼓或桨叶剪切分散成微小液滴，使两相充分接触，从而达到传质的目的。影响传质效果的因素有以下几点：

① 混合强度　在一定范围内，混合强度越大，两相分散的微粒越小，其接触面积越大，越有利于传质的进行；但液滴太小不利于分离。提高转速或更换剪切力较强的桨叶可以增大混合强度。

② 接触时间　两相接触时间的增加有利于传质的进行，通常减小流通量可以获得较长的接触时间。当传质过程达到平衡时，接触时间的增加不会提高传质效果。

③ 温度　温度会影响传质效果，有的体系的传质效果随着温度的升高而提高，有的体系的传质效果随着温度的升高会下降。

④ 物质浓度差　物质浓度差越大越有利于传质。

(2) 离心分离

水相和有机相经过混合后形成的混合液进入转鼓，在转鼓及其辐板的带动下，混合液与转鼓同步高速旋转而产生离心力。在离心力作用下，密度较大液体在向上流动过程中逐步远离转鼓中心而靠向鼓壁；密度较小的液体逐步远离鼓壁靠向中心。最终两相液体分别通过各自通道被甩入收集腔，两相再从各自收集腔流出，从而完成两相分离过程。影响分离效果的因素有以下几点：

① 转速　转速越快，两相在转鼓中的分离越迅速，两相夹带越少；与此同时，提高转速还能提高设备的处理量。

② 转鼓高度　混合液在转鼓中由下到上慢慢分开，转鼓越高分离效果越好。

③ 堰板　离心萃取机通过顶部堰板的调整控制两相液体的流出，合适的堰板是两相分离彻底的重要保障。

④ 物料特性　物料本身的物理特性，如乳化、起泡、密度差都对两相

分离影响很大。

⑤ 离心萃取机的最大分离量　其计算方法为：

$$Q=1.386\times10^{-4}\omega D_i^2 L \tag{2-5}$$

式中，$\omega$ 为离心萃取机转速，rad/s；$D_i$ 为转鼓内径，m；$L$ 为转鼓高度，m。

# 第3章 辅助设备

## 3.1 进料系统

### 3.1.1 进料系统简介

连续流设备是一组套装设备，连续流反应器不能单独执行反应任务。设备套装包括：安全保障、反应系统、进料系统、温控系统、后处理系统。各系统功能不同，相互协同，才能保障设备正常运行。

进料系统是指可以将物质定量、均匀输送至目标单元的设备或集成体。根据工作原理的不同，实际实验和生产中常见的进料系统，有活塞式、螺旋式和回转式等类型；根据物料需求不同，常见的进料系统有液体进料泵、浆料进料泵、固体进料器、气体流量计等；根据材质不同，常见的进料系统有不锈钢材质、哈氏合金材质、聚四氟乙烯（以下或简称为“四氟”）材质、非金属材质等。

连续流反应属于平推流反应，并且是微量平推流反应。局部的物料配比，需要进料系统来保障。局部物料配比的均匀性，是影响反应效果的最重要因素之一。物料配比失衡，可能会造成原料反应不完全、副反应增加、产物聚合结焦或结块等。

实际应用过程中，进料系统的选择非常重要。选择进料系统需要考虑的因素主要包括类型、材质、使用范围（压力、温度、流量）、精度、稳定性、脉冲、寿命等。

## 3.1.2 高压柱塞泵

### 3.1.2.1 高压柱塞泵简介

高压柱塞泵属于容积式泵，借助工作腔里的容积周期性变化来达到输送液体的目的；原动机的机械能经泵直接转化为输送液体的压力能；泵的容量只取决于工作腔容积变化值及其在单位时间内的变化次数。

液体介质的吸入和排出过程是交替进行的，而且活塞在位移过程中，其速度又在不断的变化之中。在只有一个工作腔的泵中，泵的瞬时流量不仅随时间而变化，而且是不连续的。随着工作腔的增多，瞬时流量的脉动幅度越来越小，在实用中可以认为是紊流。

理论上，泵的流量只取决于泵的主要结构参数［式（3-1）］$n$（曲轴转速）、$S$（活塞行程）、$D$（活塞直径）、$Z$（活塞数目），流量是恒定的，与排出压力无关，且与输送介质的温度、黏度等物理、化学性质无关。

泵的理论流量：

$$Q_t = ASnZ \tag{3-1}$$

泵的实际流量：

$$Q = Q_t - Q \tag{3-2}$$

式中 $A$——活塞的截面积，$m^2$；

$S$——活塞行程，m/r；

$n$——曲轴转速，r/min；

$Z$——联数（活塞数）；

$Q_t$——泵的理论流量，L/min；

$Q$——泵的流量损失，L/min。

液体的压缩或膨胀，阀在关闭时滞后，密封面的泄漏，柱塞、活塞杆或活塞环的泄漏等因素都会造成泵的流量损失。

柱塞泵的排出压力不能由泵本身限定，而是取决于泵装置的管道特性，并且与流量无关。由于原动机额定功率和泵本身的结构强度的限制，往复泵都有一个泵的排出压力的限定。柱塞泵原则上可以输送任何介质，几乎不受介质的物理性能和化学性能的限制。当然，由于液力端的材料和制造工艺以及密封技术的限制，有时也会遇到不能适应的情况。柱塞泵有良好的自吸性能，启动时通常不需灌泵。

### 3.1.2.2 高压柱塞泵分类

高压柱塞泵可分为如下几类：

① 按缸数分 单缸泵、双缸泵、三缸泵、四缸泵、五缸泵等。

② 按材质分 不锈钢泵、哈氏合金泵、四氟泵等。

③ 按通量分 微量泵（<0.1mL/min）、小通量泵（0.1～100mL/min）、中等通量泵（100～1000mL/min）、大通量泵（>1000mL/min）等。

④ 按液缸的布置方式及其相互位置分 卧式泵、立式泵、V形或星形泵等。

⑤ 按驱动方式分 机动泵、蒸汽驱动往复泵、液压驱动往复泵。

国内厂商在过去几年都实现了大量的技术突破（表3-1）。杭州精进高压四氟泵，采用不锈钢内嵌PTFE（或PFA）和专利接头技术，实现4～5MPa的耐受压力。可以耐硫酸、硝酸等绝大部分的强酸强碱和有机溶剂；实现既耐腐蚀又耐高压的连续流输送需求。上海三为科学高压柱塞泵，积累了近3000台的配套经验，产品稳定性好，种类齐全，不锈钢泵耐压42MPa，高压四氟泵耐压5MPa，支持多种通信协议如Modbus、ProfibusDP、Profinet等，提供多种串口通信接口和开关量模拟量接口方案，方便用户进行系统集成。

**表3-1 国内部分柱塞泵供应商**

| 公司名称 | 主营产品 | 代表产品 |
| --- | --- | --- |
| 上海三为科学仪器有限公司 | SP高压柱塞泵，SH哈氏合金泵，SF高压四氟泵，流体管理软件、制备液相色谱、蛋白纯化系统 | |
| 杭州精进科技有限公司 | 精睿高压四氟泵、精睿不锈钢柱塞泵、精睿微型磁力齿轮泵、小睿进料管理系统、小智隔离输送系统、中压无脉冲注射泵 | |
| 江苏汉邦科技有限公司 | 液相色谱系统、超临界流体色谱系统、制药工程设备、渗透汽化分离设备等 | |

续表

| 公司名称 | 主营产品 | 代表产品 |
| --- | --- | --- |
| 北京星达科技发展有限公司 | 微量泵、阀门、非标系统集成设备等 | |
| 大连依利特分析仪器有限公司 | 液相色谱仪、气相色谱仪、液相泵等 | |
| 欧世盛（北京）科技有限公司 | 流动化学核心部件，仪器整机，控制软件的开发，生产、销售及整体解决方案 | |

### 3.1.2.3 高压柱塞泵流量曲线

多缸单作用泵瞬时流量：

$$Q_{泵}=\sum_{m=1}^{i}Q_{缸m} \tag{3-3}$$

当 $Q_{缸m}=0\sim\pi$ 时，公式前取正号；当 $Q_{缸m}=\pi\sim2\pi$ 时，公式前取负号。柱塞泵的缸数越多，脉冲越小，流量越稳定。以曲柄转角 $\varphi$ 为横坐标，流量为纵坐标，作出瞬时流量和平均流量随曲柄转角变化的曲线（图 3-1）。

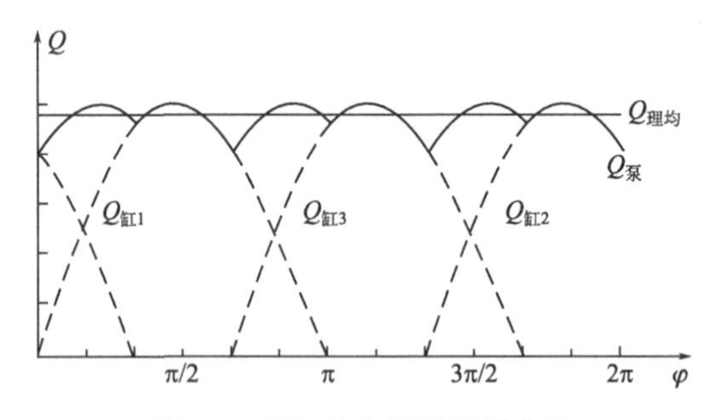


图 3-1 三缸单作用泵排出曲线

### 3.1.2.4 高压柱塞泵单向阀

高压柱塞泵常用的是自重球阀，是泵头的关键配件。工作原理是依靠红宝石的重力作用，实现流体的单向控制。阀竖直安装，只适用于往复次数较低、流量不大的泵。

单向阀（图 3-2）有正反方向，大孔面是进料口，三个小孔面是出料口。有固体颗粒、高聚黏附物存在时，单向阀失灵，易导致流量控制不准。单向阀具有结构简单、互换性强、拆装方便、磨损均匀、密封性好等特点。

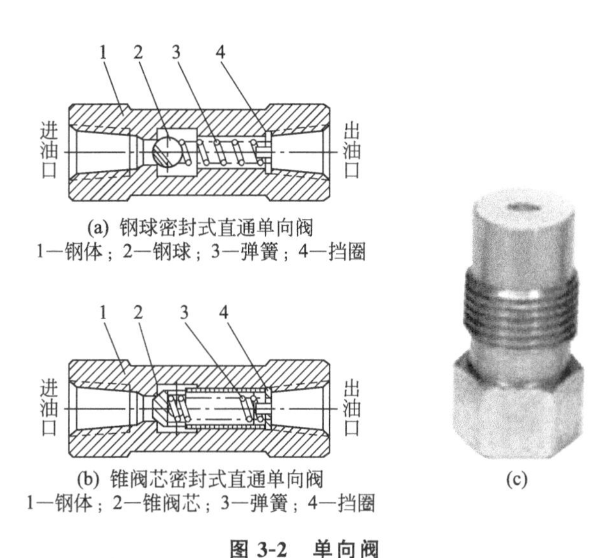


**图 3-2 单向阀**

## 3.1.2.5 高压柱塞泵使用及维护

高压柱塞泵是精密设备，腐蚀、堵塞会严重影响设备的使用寿命。使用过程中应正确使用，使用后正确维护（表 3-2）。

**表 3-2 高压柱塞泵使用及注意事项**

| 设备使用 | |
|---|---|
| 设备选择 | 综合考虑物料腐蚀性、黏度、熔沸点等因素 |
| 气泡排空 | 无液体，单向阀很难正常吸液；注射器协助（排气孔、出料口）；大流量（30mL/min）冲洗 |
| 设备设定 | 流量、压力（一定注意设定保护压力） |
| 设备标定 | 电子天平、秒表协助流量标定 |
| 设备连接 | 连接至反应器，缓慢拧紧螺丝至无泄漏，切记不可过度拧紧 |
| 设备运行 | 电子天平协助监控质量流量 |
| 设备清洗 | 实验结束，先用溶剂置换反应原料；再用乙醇、水清洗管路至清洁 |

续表

| 设备使用 | |
|---|---|
| 单向阀清洗 | 定期拆卸设备，取出单向阀进行超声清洗；避免机械划伤 |
| 泵头清洗 | 泵头后面有柱塞后冲洗孔，用合适溶剂清洗柱塞 |
| 设备存放 | 存入水或乙醇；断电；防尘 |
| 注意事项 | |
| 保护压力 | 泵超压即报警并停止；安全保障 |
| 腐蚀 | 腐蚀带来永久性损伤；谨慎细心 |
| 泄漏 | 管路松动、破损导致泄漏；多观察、安全处理 |
| 堵塞 | 防堵塞方法：过滤固体颗粒；安装过滤头<br>堵塞处理方法：溶剂冲洗；拆卸清洗 |
| 维护 | 实验结束，及时、全面清洗。定期拆卸，检查清理 |

## 3.1.3 蠕动泵

### 3.1.3.1 蠕动泵简介

蠕动泵（图 3-3）的工作原理是由滚轮夹挤一根充满流体的软管，弹性软管前后交替挤压，管内形成负压，使管内流体向前移动，在两个转辊子之间的一段泵管形成“枕”形流体。“枕”的体积取决于泵管的内径和转子的几何特征，流量取决于转速、“枕”的尺寸、转子每转一圈产生的“枕”的个数这三个参数的积。

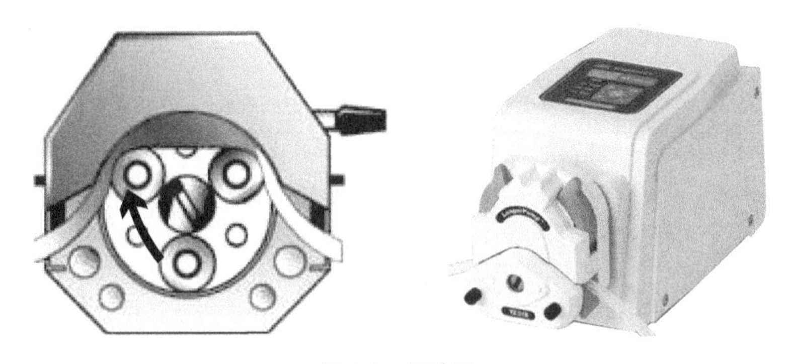

图 3-3 蠕动泵

用转子直径相同的泵作比较，产生较大“枕”体积的泵，其转子每转一圈所输送的流体体积也较大，但产生的脉动度也较大，这与膜阀的情形相似；而产生较小“枕”体积的泵，其转子每转一圈所输送的流体体积也较小，而且快速、连续地形成的小“枕”使流体的流动较为平稳。

蠕动泵使用过程中，流体只接触泵管，不接触泵体；无阀门和密封件，维护简单；重复性和稳定性较好；密封性好，有良好的自吸能力；有双向输送能力；能输送固液或气液混合流体，允许流体内所含固体直径达到管状元件内径的 40%。但是蠕动泵有非常明显的脉冲，并且有压力局限，一般不超过 0.3MPa，且流量受压力影响。在连续流反应过程中，适用性较低。

### 3.1.3.2　蠕动泵分类

国内外蠕动泵的种类和供应商非常多，根据蠕动泵的操作和使用方式，可分为如下几类：

① 调速型蠕动泵　具备蠕动泵的基本控制功能，显示转速、启停、方向、转速调节、填充排空、掉电记忆、外控输入等功能。

② 流量型蠕动泵　除具备基本功能之外，增加了流量显示、流量校正、通信等功能。

③ 分配型蠕动泵　除具备基本控制功能外增加了流量显示、流量校正、通信、液量分配、回吸、输出控制等功能。

④ 制型（OEM）蠕动泵　拥有一系列不同流量范围的蠕动泵头，客户可根据自身设备的需求，设计不同的蠕动泵驱动电路配套使用。

### 3.1.3.3　蠕动泵使用及日常维护

在日常使用过程中，长时间使用蠕动泵后尽量更换软管，这样不容易造成硅胶管破裂。如果液体从软管渗出流入泵头的滚轮内，伴有腐蚀性的液体流入滚轮缝隙，应及时将泵头拆卸清洗以免风化后凝固在滚轮缝隙中，造成泵头卡住的现象。软管在使用过程中要根据泵的使用频率及时更换，或者经常挪动位置，如果液体具有强腐蚀性，应选择相应材质的进口软管，以免造成泵的损伤。蠕动泵的使用及注意事项如表 3-3 所示。

**表 3-3　蠕动泵使用及注意事项**

| 设备使用 | |
|---|---|
| 输料管选择 | 综合考虑物料腐蚀性、黏度、熔沸点等因素 |
| 设备设定 | 流量、转速 |
| 设备标定 | 电子天平、秒表协助流量标定 |

续表

| 设备使用 | |
|---|---|
| 设备连接 | 连接至反应器，需要进行管线和卡帽转接 |
| 设备运行 | 电子天平协助监控质量流量 |
| 设备清洗 | 实验结束，先用溶剂置换反应原料；再用乙醇、水清洗管路至清洁 |
| 输料管检查 | 取下输料管，检查是否磨损，是否有漏液现象 |
| 设备存放 | 断电；防尘 |
| 注意事项 | |
| 压力 | 该泵是常压泵，不能在背压环境下使用 |
| 腐蚀 | 腐蚀带来永久性损伤；谨慎细心 |
| 泄漏 | 输料管破损导致泄漏；多观察、安全处理 |
| 维护 | 实验结束，及时、全面清洗。定期拆卸，检查清理 |

## 3.1.4 隔膜泵

### 3.1.4.1 隔膜泵简介

隔膜泵借助薄膜将被输液体与活柱和泵缸隔开，从而保护活柱和泵缸。隔膜左侧与液体接触的部分均由耐腐蚀材料制造或涂一层耐腐蚀物质；隔膜右侧充满水或油。

隔膜泵是容积泵中较为特殊的一种形式。它是依靠一个隔膜片的来回鼓动改变工作室容积从而吸入和排出液体的，工作原理近似于柱塞泵。隔膜泵常用的壳体材料有塑料、铝合金、铸铁、不锈钢、聚四氟乙烯等。隔膜泵膜片常用的材料有丁腈橡胶、氯丁橡胶、氟橡胶、聚四氟乙烯等。隔膜泵按其所配执行机构使用的动力，可以分为气动、电动、液动三种，即以压缩空气为动力源的气动隔膜泵、以电为动力源的电动隔膜泵、以液体介质压力为动力的液动隔膜泵。

### 3.1.4.2 隔膜泵的使用及维护

国内外隔膜泵的种类、大小、品牌非常多。隔膜泵的选择要综合考虑物料腐蚀性、输送量、黏度、压力等因素。隔膜泵的使用及注意事项如表 3-4 所示。对于实验室小通量实验，普罗名特有一款电磁隔膜泵比较适用（图 3-4）。

表 3-4　隔膜泵的使用及注意事项

| 设备使用 | |
|---|---|
| 泵的选择 | 综合考虑物料腐蚀性、黏度、熔沸点等因素 |
| 设备设定 | 流量、转速、振幅 |
| 设备标定 | 电子天平、秒表协助流量标定 |
| 设备连接 | 连接至反应器，需要进行管线和卡帽转接 |
| 设备运行 | 电子天平协助监控质量流量 |
| 设备清洗 | 实验结束，先用溶剂置换反应原料；再用乙醇、水清洗管路至清洁 |
| 设备存放 | 断电；防尘 |
| 注意事项 | |
| 压力 | 了解泵的压力范围，不能超压使用 |
| 腐蚀 | 腐蚀带来永久性损伤；谨慎细心 |
| 泄漏 | 输料管破损导致泄漏；多观察、安全处理 |
| 维护 | 实验结束，及时、全面清洗。定期拆卸，检查清理 |

图 3-4　小型电磁隔膜泵

## 3.1.5　注射泵

注射泵由步进电机及其驱动器、丝杆和支架等构成。工作时，单片机系统发出控制脉冲使步进电机旋转，而步进电机带动丝杆将旋转运动变成直线运动，推动注射器的活塞进行注射输液，实现高精度、平稳无脉动的液体传输。

注射泵按用途可分为医用和非医用，以及实验室用微量注射泵（图 3-5）和工业用注射泵；按通道数可分为单通道和多通道（双通道、四通道、六通道、八通道、十通道等）；按工作模式可分为单推、推拉以及双向推拉模式；按构造可分为分体式和组合式；等等。

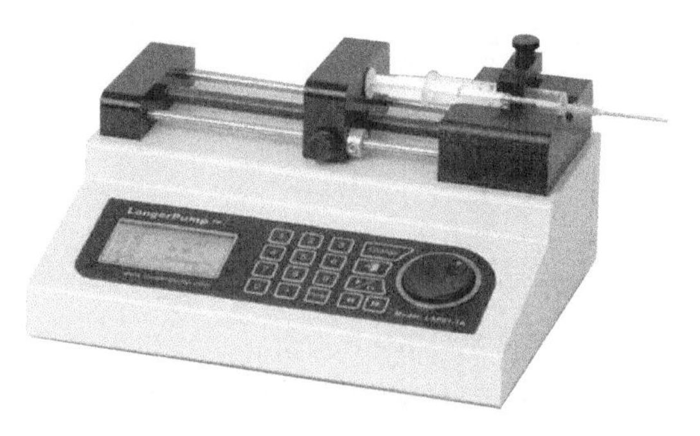

图 3-5 微量注射泵

注射泵可以做到完全无脉动输送，在连续流技术中是非常有应用价值的输送泵。注射泵还有以下优点：控制精度高，误差≤±0.5%；最小流速可设定为 0.001 μL/h；无需清洗，只需更换注射器。但是，目前市场上的注射泵在耐压能力上还有局限。

## 3.1.6 固体进料器

固体进料器（图 3-6）是定量、连续输送固体颗粒的设备。固体进料器的结构一般包括料斗、电机及减速装置、螺旋输送杆、计量器、过滤器等。固体进料器结构简单、成本低廉、进卸料灵活，但一般不能耐受压力。固体进料器市场有销售，也可以定制。

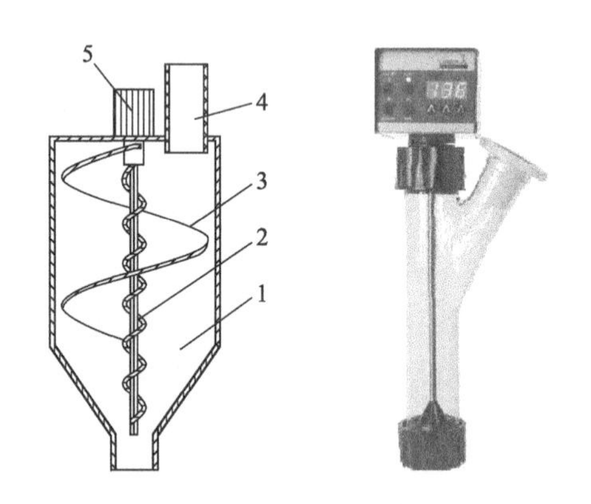


图 3-6 固体进料器
1—螺旋通道；2—轴；3—螺旋叶片；4—加料口；5—电机

实际使用过程中，一定要注意进料口处容易发生物料受潮结块堵塞现象。不同的螺旋杆结构，适用于不同的固体颗粒度。普通梯形螺旋、压力螺旋、两次松弛螺旋、三线螺旋加料杆能够对较粗的物料（平均直径 90μm）实现较好的加料；两次松弛螺旋和三线螺旋加料杆能够对较细的物料（平均直径 40μm）实现较好的加料。

## 3.1.7　胶体磨

为了增加传质效率，浆料可以选用胶体磨（图 3-7）进行研磨处理。胶体磨的工作原理是由电动机通过皮带传动带动转齿（或称为转子）与相配的定齿（或称为定子）做相对的高速旋转。其中一个高速旋转，另一个静止，被加工物料通过本身的重量或外部压力产生向下的螺旋冲击力，透过定、转齿之间的间隙时受到强大的剪切力、摩擦力、高频振动、高速旋涡等物理作用，使物料被有效地乳化、分散、均质和粉碎，达到物料超细粉碎及乳化的效果。胶体磨间隙可在 0.1～5mm 范围内调整。

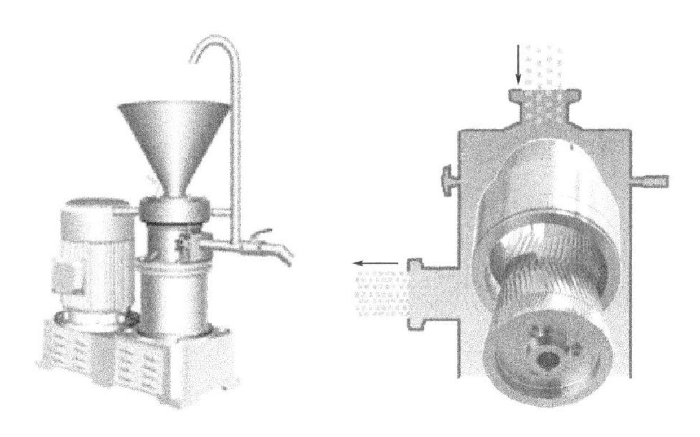

图 3-7　胶体磨

## 3.1.8　气体质量流量计

气体质量流量计（图 3-8）是利用热扩散原理测量气体流量的仪表。传感器由两个基准级热电阻（RTD）组成。一个是速度传感器（RH），一个是测量气体温度变化的温度传感器（RMG）。当这两个 RTD 置于被测气体中时，传感器 RH 被加热，另一个传感器 RMG 用于感应被测气体温度。随着气体流速的增加，气流带走更多热量，传感器 RH 的温度下降。根据热效应的金氏定律［式（3-4）］，加热功率 $P$、温度差 $\Delta T$（$T_{RH}-T_{RMG}$）与质量流量 $Q$ 有如下关系：

$$P/\Delta T = K_1 + K_2 \cdot f(Q) \cdot K_3 \tag{3-4}$$

式中，$P$ 为加热功率；$\Delta T$ 为温度差；$Q$ 为质量流量；$K_1$、$K_2$、$K_3$ 为与气体物理性质有关的常数。

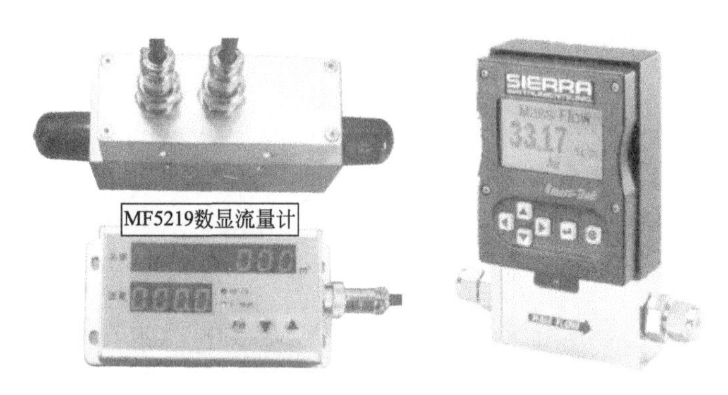


图 3-8　气体质量流量计

使用过程中要注意，气体质量流量计不是体积流量计，它的测量单位虽然是 mL/min，但是代表的不是体积流量。对于体积流量而言，在不同的压力状态下，同样的示数代表的气体的质量是不同的。而气体质量流量计的输出流量，不受压力影响。气体质量流量计测定准确，不会因为温度和压力的波动而失准，流量控制方便。使用过程中不可使进出口压差＞1MPa；使用过程中，气体出口后端要连接气体单向阀。

气体质量流量计是可以输送多种气体的，由于不同气体的分子量不同，其物理常数不同。不同气体之间的换算系数，可参阅附录 2 “气体质量流量转换系数表”。

## 3.1.9　其他泵

### 3.1.9.1　螺杆泵

螺杆泵（图 3-9）也是容积泵的一种，它是靠螺杆与衬套或几根相互啮合的螺杆间容积变化输送液体的。可分为单螺杆泵和多螺杆（双螺杆、三螺杆、五螺杆等）泵。螺杆泵流量比较均匀，比往复泵、齿轮泵都要均匀。除单螺杆泵外，其他螺杆泵无往复运动，不受惯性力的影响，转速可以较高。运动平稳、噪声小，且有良好的自吸能力。

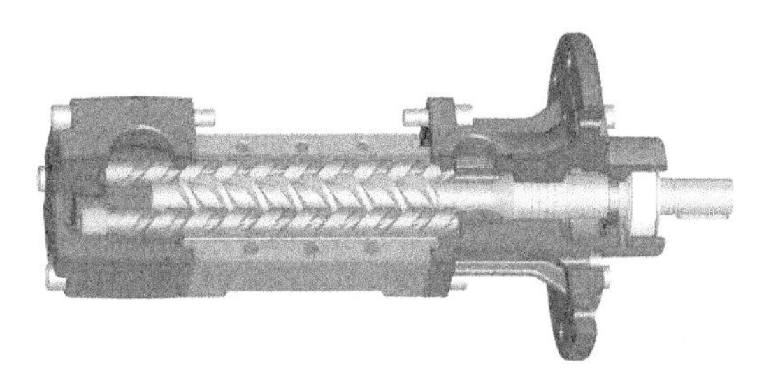

图 3-9 螺杆泵

### 3.1.9.2 齿轮泵

齿轮泵（图 3-10）的工作部件是一对互相啮合的齿轮，依靠齿轮相互啮合过程中所形成的工作容积变化来输送液体。根据啮合特点，可分为外啮合、内啮合两种。

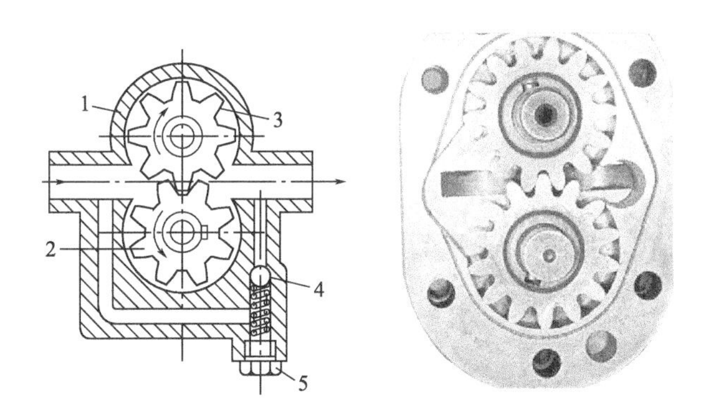


图 3-10 齿轮泵

1—泵体；2—主动齿轮；3—从动齿轮；4—安全阀；5—调节螺母

齿轮泵的流量与排出压力基本无关，比柱塞泵更均匀，但是流量和压力是有脉动的，适用于不含固体杂质的高黏度的液体。齿轮泵结构比柱塞泵简单，制造容易，维修方便，运转可靠。

由于泵内有高低压腔，所以存在串漏问题。为保证密封，必须选择适当间隙。由于间隙多，密封面积较大，密封性不如柱塞泵，所达到的压力也要低一些。

### 3.1.9.3 滑片泵

滑片泵又称刮板泵（图 3-11），是容积泵的一种。转子旋转一周，滑片在槽内往复一次，完成一次吸入、排出过程。若制成偏心距可变化的结构，则可以调节流量的变化。

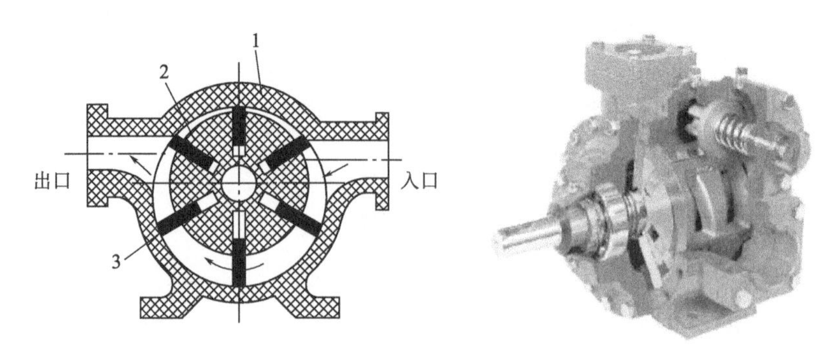


**图 3-11 滑片泵**

1—泵壳；2—转子；3—滑片

## 3.1.9.4 液环泵

液环泵（图 3-12）主要用来抽真空及输送气体介质。液轮偏心地配置在缸体内，并在缸体内引进一定量的液体。

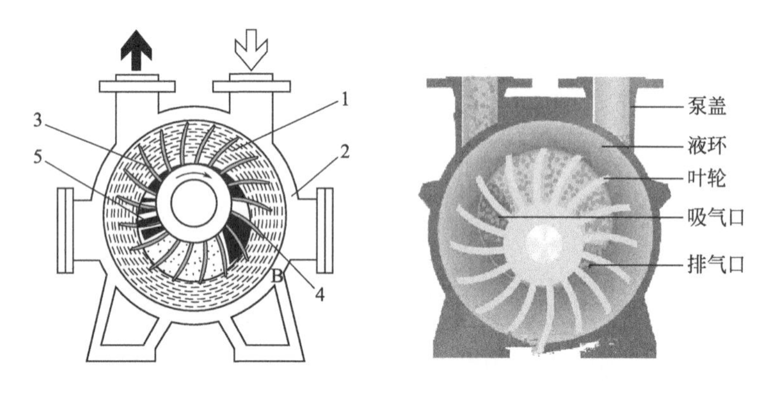


**图 3-12 液环泵**

1—水环；2—泵体；3—叶轮；4—吸气口；5—排气口

## 3.1.9.5 磁力泵

磁力驱动泵，简称磁力泵（图 3-13），是磁力联轴器和泵结合为一体，是一种无泄漏泵。它和机械式联轴器完全不同，是利用磁感应原理传递扭矩。

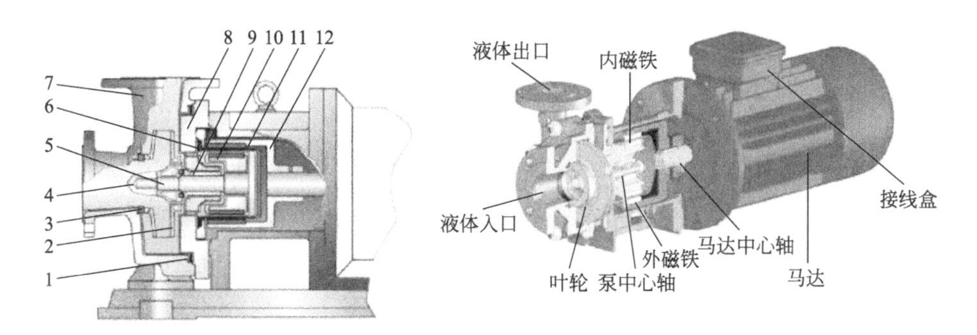


**图 3-13　磁力泵**

1,6—密封圈；2—叶轮；3—口环；4—叶轮螺母；5—主轴；7—泵体；8—泵盖；9—轴承；10—转子；11—隔离套；12—外磁铁

## 3.1.10　脉动阻尼器

### 3.1.10.1　脉动阻尼器简介

减小柱塞泵脉冲的方法除了增加缸体数量外，还可以借助脉动阻尼器(图 3-14)。脉动阻尼器是一种用于消除管道内液体压力脉动或者流量脉动的压力容器，可起到稳定流体压力和流量、消除管道振动、保护下游仪表和设备、增加泵容积效率等作用。脉动阻尼器的原理主要有两种：

**图 3-14　脉动阻尼器**

① 气囊式　利用气囊中惰性压缩气体的收缩和膨胀来缓解液体的压力或者流量脉动，适用于脉动频率小于 7Hz 的情况，频率太高则膜片或气囊来不及响应，起不到消除脉动的效果。

② 无移动部件式　利用固体介质直接拦截流体从而达到缓冲压力脉动或流量脉动的效果，此类脉动阻尼器适用于高频脉动的情况。

脉动阻尼器可分为如下几类：

① 按照缓冲介质分类　压缩惰性气体缓冲式和无移动部件式，其中压缩惰性气体缓冲式又分为膜片式和气囊式等，无移动部件式分为金属结构式和陶瓷结构式等；

② 按照材质分类　三元乙丙橡胶、丁钠橡胶、氟橡胶、聚四氟乙烯、金属、陶瓷等；

③ 按照接口分类　单孔式、双孔式；

④ 按照液体流过形式分类　直通式、非直通式。

### 3.1.10.2　脉动阻尼器选型原则

脉动阻尼器的选型应根据流量、压力、泵类型、泵转速、泵缸数、泵相位差（多级泵）、脉动消除率、应用目的、管道流体成分、管道流体黏度、管道流体温度等参数综合计算和分析后确定。

关键需要计算出流体的脉冲量和脉动频率。再结合脉动消除率指标，即可初步计算出所需要的脉动阻尼器类型和容积。例如，要求残余脉动控制在10%以内、脉冲量为1L/次、脉动频率为2次/s，则脉动阻尼器可选用膜片式或气囊式，容积至少为10L。

# 3.2　温控系统

## 3.2.1　冷热一体机

冷热（温控）一体机（图3-15）是通过泵驱动传热介质（通常为水、乙醇或油）从内置加热制冷循环系统中到达控温终端设备，再从控温终端设备回到循环系统。控制器根据温度传感器测量的热流体温度或控温设备内部温度，调节热流体的温度从而调节控温终端设备的温度。

冷热一体机工作时液体循环是密闭的系统，低温时没有水汽的吸取，高温时没有油雾的产生，可进行－60～200℃连续升降温；采用全密闭管道式设计及高效板式热交换器，降低导热液需求量的同时提高系统的热量利用率，达到快速升降温。

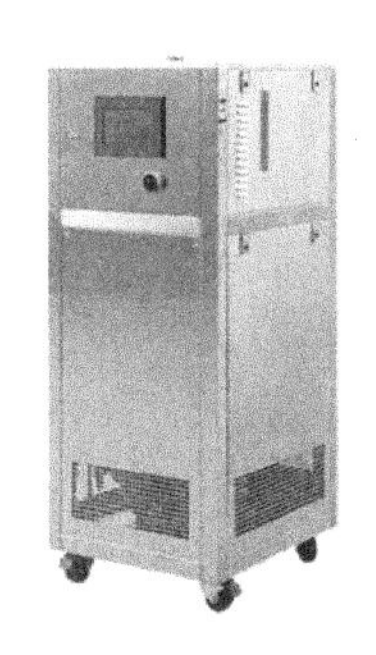

图 3-15　冷热一体机

连续流设备的热量控制主要依靠冷热一体机来进行。冷热一体机的换热能力、控温精确性影响连续流设备实验中的温度控制。如果热量置换效率不高，反应温度控制就会不稳定，可能会造成副反应增加、产物聚合结焦或结块等。

实际应用过程中，温控系统的选择非常重要。选择控温系统需要考虑的因素主要包括换热能力、温度使用范围等。

国内知名的冷热一体机供应商主要有昆山纬亿塑胶机械有限公司（纬亚温控）和无锡冠亚恒温制冷技术有限公司两家公司。昆山纬亿塑胶机械有限公司成立于2005年，产品设备温控范围－35～350℃。无锡冠亚恒温制冷技术有限公司目前在单机复叠制冷技术研发方面处于同行业先进水平，高低温快速升降温技术跻身国际先进水平，产品温控范围－152～350℃。

## 3.2.2　温度监测

### 3.2.2.1　温度传感器

温度传感器是指能感受温度并转换成可用输出信号的传感器。温度传感器是温度测量仪表的核心部分，品种繁多。按测量方式可分为接触式和非接触式两大类。

① 接触式　接触式温度传感器的检测部分与被测对象有良好的接触，又称温度计。温度计通过传导或对流达到热平衡，从而使温度计的示值能直接表示被测对象的温度，一般测量精度较高。在一定的测温范围内，温度计也可测量物体内部的温度分布。但对于运动物体、小目标或热容量很小的对象则会产生较大的测量误差，常用的温度计有双金属温度计、玻璃液体温度计、压力式温度计、电阻温度计、热敏电阻和温差电偶等。

② 非接触式　其敏感元件与被测对象互不接触，又称非接触式测温仪表。这种仪表可用来测量运动物体、小目标、热容量小或温度变化迅速（瞬变）对象的表面温度，也可用于测量温度场的温度分布。

最常用的非接触式测温仪表基于黑体辐射的基本定律，称为辐射测温仪表。其测量上限不受感温元件耐温程度的限制，因而对最高可测温度原则上没有限制。对于1800℃以上的高温，主要采用非接触测温方法。随着红外技术的发展，辐射测温逐渐由可见光向红外线扩展，700℃以下直至常温都已采用，且分辨率很高。

温度传感器按照传感器材料及电子元件特性可分为热电阻和热电偶两类。

① 热电阻传感　金属随着温度变化，其电阻值也发生变化。对于不同金属来说，温度每变化1℃，电阻值变化是不同的，而电阻值又可以直接作为输出信号。电阻传感器共有两种变化类型：正温度系数（温度升高则阻值增大，温度降低则阻值减小）；负温度系数（温度升高则阻值减小，温度降低则阻值增大）。

② 热电偶传感　热电偶由两个不同材料的金属线组成，在末端焊接在一起。测出不加热部位的环境温度，就可以准确知道加热点的温度。由于它必须有两种不同材质的导体，所以称为热电偶。不同材质做出的热电偶适用于不同的温度范围，它们的灵敏度也各不相同。热电偶的灵敏度是指加热点温度变化1℃时，输出电位差的变化量。对于大多数金属材料的热电偶而言，这个数值大约在5～40$\mu$V/℃之间。

由于热电偶温度传感器（图3-16）的灵敏度与材料的粗细无关，用非常细的材料也能够做成温度传感器。也由于制作热电偶的金属材料具有很好的延展性，这种细微的测温元件有极高的响应速度，可以测量快速变化的过程。

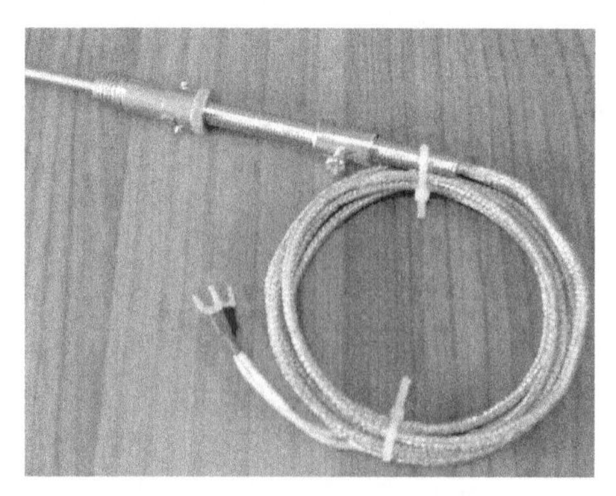

**图3-16　热电偶温度传感器**

#### 3.2.2.2 无纸记录仪

无纸记录仪（图3-17）将工业现场的各种需要监视记录的输入信号，如流量计的流量信号、压力变送器的压力信号、热电阻和热电偶的温度信号等，通过高性能32位ARM微处理器进行数据处理，一方面在液晶显示屏幕上以多种形式的画面显示出来，另一方面把这些监测信号的数据存放在本机内藏的大容量存储芯片内，以便在本记录仪上直接进行数据和图形查询、翻阅。通过上位机管理软件，即可了解仪器记录信息，并可以打印曲线、图形，列表。

图3-17 无纸记录仪

无纸记录仪采集的数据，常有温度、压力、流量、液位、电压、电流、湿度、频率、转速等。

无纸记录仪具有无纸记录、实时性好、精度高、带通信、可查寻的智能化功能。无纸记录仪摒弃了传统有纸记录仪中使用的记录笔和记录纸，提高了记录仪本身的质量，增强了记录仪的稳定性和可靠性，更重要的是降低了记录仪的运行成本，方便管理，提高了工作效率。采用液晶显示屏，可以查看多种画面，如数字、棒图、曲线等。可以同时输入多种信号，最多同时输入36路的信号。

## 3.3 背压设备

### 3.3.1 背压阀

部分有机合成实验，需要在一定的压力条件下进行。背压设备结合连续流反应设备，可以实现稳定的压力保障。

背压阀（back pressure valve，图 3-18）意为由于阀的功能而形成一定的压力，压力一般可以调节。可用于控制空气、水、蒸汽、各种腐蚀性介质、泥浆、油品、液态金属和放射性介质等各种类型流体的流动。启闭件是一个圆盘形的阀板，在阀体内绕其自身的轴线旋转，从而达到启闭或调节的目的，在管道上主要起切断和节流作用。

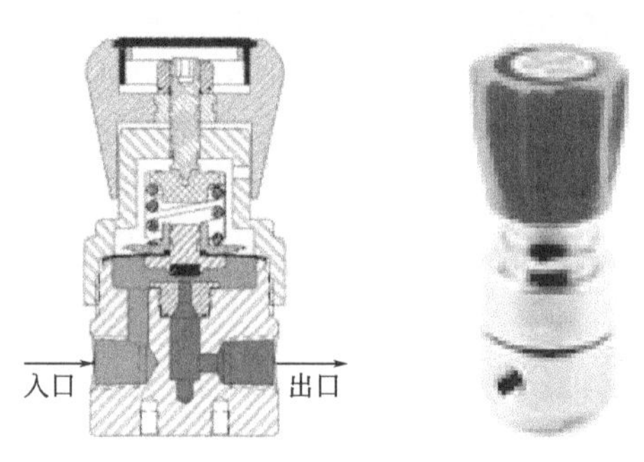


**图 3-18　背压阀**

背压阀通过内置弹簧的弹力来实现控制：当系统压力比设定压力小时，膜片在弹簧弹力的作用下堵塞管路；当系统压力比设定压力大时，膜片压缩弹簧，管路接通，液体通过背压阀。背压阀结构同单向阀相似，但开启压力大于单向阀。

在管路或是设备容器压力不稳的状态下，背压阀能保持管路所需压力，使泵能正常输出流量。另在泵的出口端由于重力或其他作用常会出现虹吸现象，此时背压阀能消减由于虹吸产生的流量及压力的波动。而计量泵等容积泵在低系统压力下工作时，都会出现过量输送。为防止类似问题，必须使计量泵的出口至少有 0.7bar（1bar＝0.1MPa）的背压，一般通过在计量泵出口安装背压阀来达到目的。

在要求不是很严格的系统中背压阀可作为安全阀使用。背压阀和脉动阻尼器配合使用可减小水锤对系统的危害，减小流速波动的峰值，保护管路、弯头、接头不受压力波动的冲击。

选择背压阀时，必须确定相关参数和资料：所需背压阀的口径，一般是泵出口的管径；所需设定的压力范围；需要何种材质；避免有固体颗粒存在。使用过程中一般有两种方式：

① 直接连接至物料输送管道　这种使用方式有很大的弊端，液态化学品直接通过背压阀，易导致背压阀内部损坏，严重影响背压阀的使用寿命。并且对压力的控制不稳定，容易出现压力波动。

② 与气液分离罐串联使用（图 3-19）　连接在气液分离罐后端。背压阀只有气体通过，可以延长背压阀的使用寿命，并且可以保障压力更加稳定和方便中间取样。

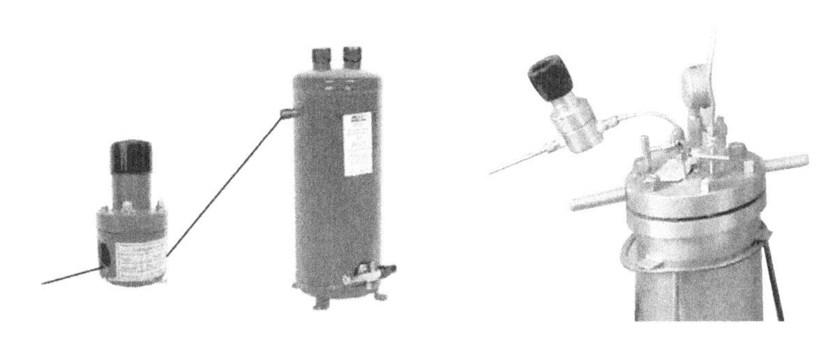

**图 3-19　背压阀＋气液分离罐**

### 3.3.2　气液分离罐

气液分离罐（图 3-19）用于气液分离，分馏塔顶冷凝、冷却器后气相除雾，各种气体水洗塔、吸收塔及解析塔的气相除雾等。气液分离罐也可应用于气体除尘、油水分离及液体脱除杂质等多种场合。

气液分离罐采用的分离结构种类很多，其分离方法有重力沉降、折流分离、离心力分离、丝网分离、超滤分离、填料分离等。最常用的气液分离罐采用重力沉降原理。由于气体与液体的密度不同，液体在与气体一起流动时，液体会受到重力的作用，产生一个向下的速度，而气体仍然朝着原来的方向流动，也即液体与气体在重力场中有分离的倾向，向下的液体附着在壁面上汇集在一起通过排放管排出。气液分离罐设计简单，设备制作简单，阻力小。

## 3.4　管路配件

### 3.4.1　仪表管

常用的仪表管有多种材质，如 304 不锈钢仪表管、316L 不锈钢仪表管、C276 哈氏合金仪表管、PTFE 仪表管等。其中，金属材质的仪表管为退火软态，可进行焊接；不仅卡套卡接方便，而且耐压性能较好（几十兆帕）。

仪表管有英制和公制两种规格，标准英制尺寸如，外径 1/8″、3/8″、1/4″、1/2″、1″、1.5″（1″=1in=2.54cm）等，壁厚 0.035″～0.2″。标准公制尺寸为，外径 3mm、6mm、8mm、10mm、12mm、14mm 等，壁厚 0.5～5mm。一般采用 ASTM A269 生产标准。

## 3.4.2 管路连接头

### 3.4.2.1 管路连接头简介

管路连接头种类有直通终端接头、直通接头、三通接头、弯头、带活螺母接头、铰接接头、堵头、过渡接头等（图 3-20）。

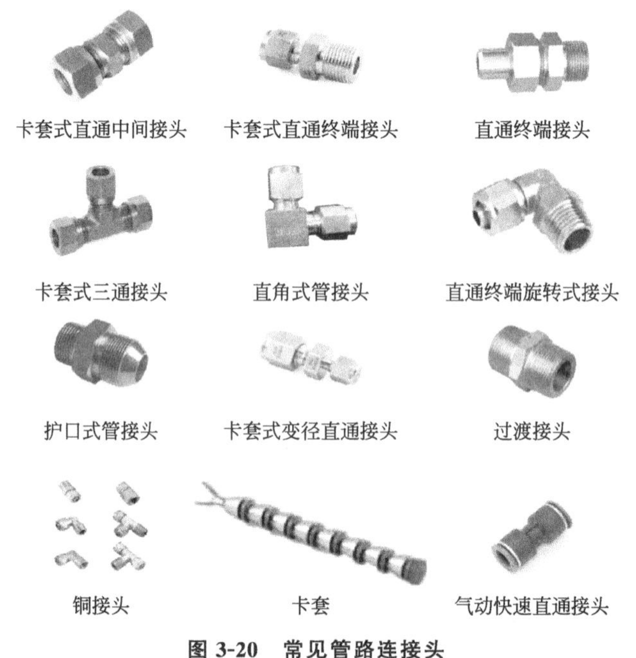


图 3-20 常见管路连接头

螺纹分为公制、美制和英制，螺纹标准 NPT、PT、G 都是管螺纹。管螺纹主要用来进行管道的连接，其内外螺纹配合紧密，有直管与锥管两种。其中，NPT 是美国标准的 60°锥管螺纹；PT 是 55°密封圆锥管螺纹；G 是 55°非螺纹密封管螺纹，标记为 G 代表圆柱螺纹。

螺纹中的“1/4、1/2、1/8”标记是指螺纹尺寸的直径，单位是英寸

(in)。通常也用分来表示螺纹尺寸，1in 等于 8 分，1/4in 就是 2 分，以此类推，4 分管＝1/2in，6 分管＝3/4in。

#### 3.4.2.2　管路连接头连接方法

标准的管路连接头由螺帽、卡环以及接头组成（图 3-21）。使用过程中，后卡环挤压前卡环，前卡环变形，与仪表管紧密锁合。前后卡环（卡套）是一次性部件，锁合至仪表管，无法拆除。

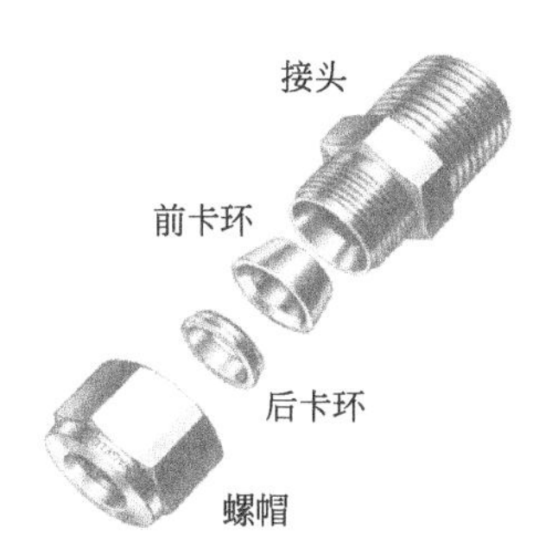


**图 3-21　管路连接头结构**

管螺纹接头常采用生料带协助密封（图 3-22）。生料带的密封要注意以下几点：上生料带前对螺纹进行清洁；上生料带的方向为顺时针；生料带不能超出螺纹终端；生料带剪断后，要紧贴螺纹；生料带的厚度要适中。

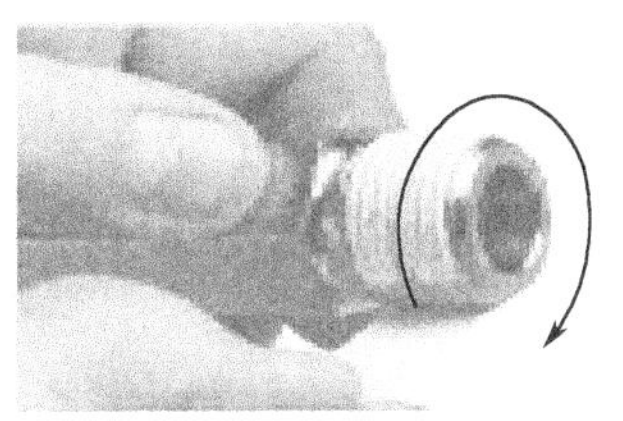

**图 3-22　生料带使用方式**

### 3.4.3　管路阀门

#### 3.4.3.1　球阀

球阀（图 3-23）是启闭件（球体）由阀杆带动，并绕球阀轴线作旋转运动的阀门。球阀在管路中主要用来切断、分配和改变介质的流动方向，它只需要旋转 90°的操作和很小的转动力矩就能关闭严密。球阀最适宜作开关、切断阀使用。

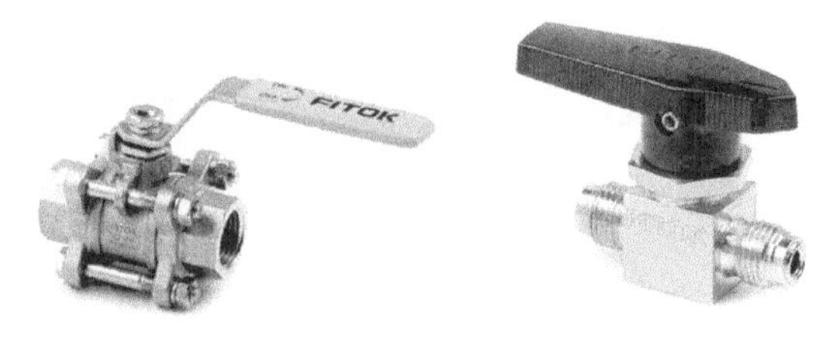


图 3-23 球阀

球阀有浮动式球阀、固定式球阀、轨道球阀、V 形球阀、三通球阀、不锈钢球阀、铸钢球阀、锻钢球阀、卸灰球阀、抗硫球阀、气动球阀、电动球阀、卡套球阀、焊接球阀等种类。

球阀具有耐磨、密封性能好、开关轻、使用寿命长等特点，已广泛应用于石油、化工、发电、造纸、原子能、航空等各领域，以及人们的日常生活中。

### 3.4.3.2 针阀

针阀（图 3-24）是一种微调阀，其阀塞为针形，主要通过改变过流断面面积调节气流量。微调阀要求阀口开启逐渐变大，从关闭到开启最大能连续细微地调节，针形阀塞即能实现这种功能。针形阀塞一般使用经过淬火的钢制长针，阀座用锡、铜等软质材料制成。阀针与阀座间的密封是依靠其锥面紧密配合达到的。阀针的锥度有 1∶50 和 60°锥角两种，锥表面要经过精细研磨。阀杆与阀座间的密封是靠波纹管实现的。

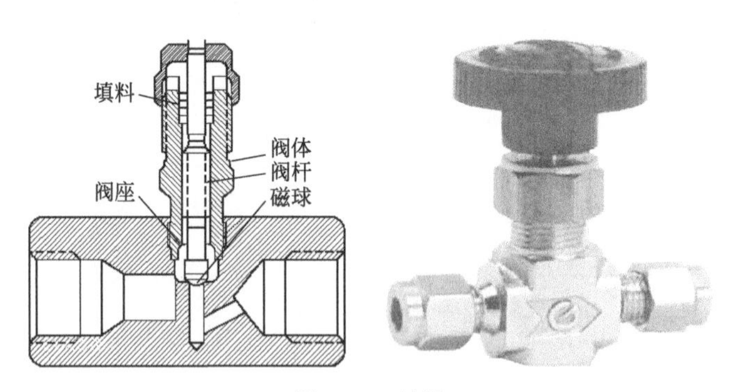


图 3-24 针阀

# 第4章 连续流工艺研发

## 4.1 传质机理

化工生产过程的全部特征“三传一反”包括：动量传递（流体输送、过滤、沉降、固体流态化等，遵循流体动力学基本规律）、热量传递（加热、冷却、蒸发、冷凝等，遵循热量传递基本规律）、质量传递（蒸馏、吸收、萃取、干燥等，遵循质量传递基本规律）和化学反应过程。

### 4.1.1 分子扩散

分子扩散是物质分子在静止流体或层流流体中的扩散。当流体作为整体处于相对静止状态，内部组分在各部位上分布不均匀，存在浓度差时，组分的分子会由于分子运动扩散开来，直到组分在流体内各处的浓度相等为止。在做层流运动的流体中，与流动方向垂直的截面上如果存在着浓度差，则在此平面上的物质也会借助于分子运动从浓度高的地方向浓度低的地方扩散。

分子扩散的速率与物质的性质、传质面积、浓度差和扩散距离有关。这一关系可以用菲克（Fick）定律表示：

$$N_{分}=\frac{G}{\tau}=-DA\,\frac{\mathrm{d}c}{\mathrm{d}n} \tag{4-1}$$

式中 $N_{分}$——扩散组分的分子传质速率，kmol/s 或 kmol/h；

$G$——扩散物质的量，kmol；

$\tau$——时间，s或h；

$A$——传质面积，$m^2$；

$c$——扩散组分的浓度，$kmol/m^3$；

$n$——扩散距离，m；

$\frac{dc}{dn}$——组分在扩散方向上的浓度梯度，$kmol/(m^3 \cdot m)$；

$D$——分子扩散系数，$m^2/s$或$m^2/h$。等号右边的负号表明传质的方向与浓度增加的方向相反。

稳定情况下，分子扩散速率的积分形式为：

$$N_{分} = DA \frac{c_1 - c_2}{\delta} \tag{4-2}$$

式中 $c_1 - c_2$——扩散组分的浓度差，$kmol/m^3$；

$\delta$——扩散层厚度，m。

分子扩散系数$D$是物质的特性常数之一，表示物质在介质中的扩散能力。在沿扩散方向的单位距离内，扩散组分浓度降低一个单位时，单位时间内通过单位面积的物质的量，即为该组分的分子扩散系数，其数值的大小取决于以下各因素：扩散组分本身的性质、介质的性质、温度、压力、浓度等。

如果没有实验数据，分子扩散系数$D$可以由经验或半经验公式进行估算。

① 扩散组分A在气体B中的扩散系数常采用下面的半经验公式估算：

$$D = \frac{0.00155 T^{\frac{3}{2}}}{p(V_A^{1/3} + V_B^{1/3})^2} \sqrt{\frac{1}{M_A} + \frac{1}{M_B}} \tag{4-3}$$

式中 $D$——分子扩散系数，$m^2/h$；

T——热力学温度，K；

$p$——气体总压强，Pa；

$M_A$、$M_B$——气体A、B的摩尔质量，g/mol；

$V_A$、$V_B$——气体A、B的摩尔体积，$cm^3/mol$。

② 分子在液体中的扩散系数，可按下式进行计算（此式不适用于电解溶液和浓溶液）：

$$D_{液} = \frac{7.7 \times 10^{-10} T}{\mu(V^{1/3} - V_0^{1/3})} \tag{4-4}$$

式中 $D_{液}$——分子在液体中的扩散系数，$cm^2/s$；

$T$——热力学温度，K；

$\mu$——液体的黏度，P（泊）；

$V$——摩尔体积，$cm^3/mol$；

$V_0$——常数（水、甲醇或苯用作稀溶液时，分别为 $8.0m^3/mol$、$1.49m^3/mol$、$22.88m^3/mol$）。

## 4.1.2 对流扩散

对流扩散是物质在湍流流体中发生质点位移的结果。在静止或层流流体中进行的分子扩散，其速度非常缓慢，所以更具有实际意义的是在湍流流体中进行的对流扩散。湍流流体内物质的传递，既靠分子扩散，又靠涡流扩散，两者合称对流扩散。

涡流扩散基本上是一种混合过程，它是由漩涡中质点的强烈混合而进行传质的，传质的速率也与浓度梯度呈正比，比例系数以 $\varepsilon_g$ 表示，称为涡流扩散系数。涡流扩散系数的大小除与流体的性质有关外，在很大程度上取决于流体的流动情况。

在稳定情况下，对流扩散传质速率：

$$N = -(D + \varepsilon_g)A\frac{dc}{dn} \tag{4-5}$$

式中 $N$——对流传质速率，kmol/s 或 kmol/h；

$\varepsilon_g$——涡流扩散系数，$m^2/s$ 或 $m^2/h$；

$A$——传质面积，$m^2$；

$c$——扩散组分的浓度，$kmol/m^3$；

$n$——扩散距离，m；

$D$——分子扩散系数，$m^2/s$ 或 $m^2/h$。

## 4.1.3 两相传质

两相传质包括液-液相传质、液-固相传质、气-液相传质及气-固相传质等。1923 年 Whitman 和 Lewis 提出了一种传质机理模型——双膜理论（图 4-1）。物质经过扩散，达到气-液相接触面上；到达气-液相接触面的物质溶于溶剂（液相）；溶解的物质，从气-液相接触面扩散到液相中。

这个理论假设在界面两侧分别存在着有效膜（气膜和液膜），物质传递全部借助分子扩散来进行，浓度梯度在两个膜层中的分布是线性的，而在有效膜以外浓度梯度消失。

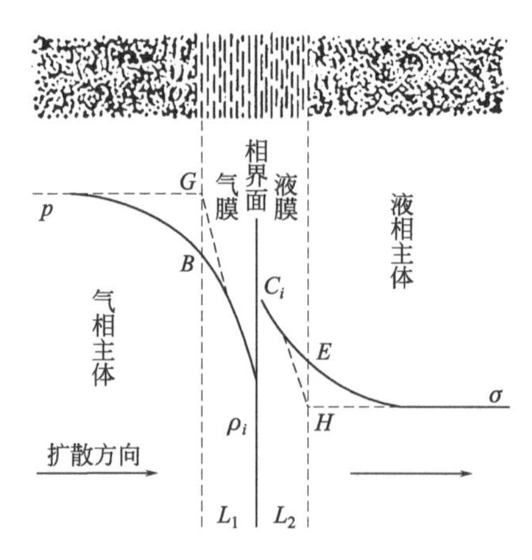


图 4-1 双膜理论示意图

### 4.1.4 高速流传质

根据近年来的研究，在高流速下的两相流体间的传质，具有下述特点：

具有自由相界面的两相流体系统，相界面不是固定不变的。当两相流速增大，湍流迅速发展，在相界面上将形成众多的漩涡，相界面由于这些漩涡所冲刷和贯穿而大大增加，从而严重地影响稳定的滞流膜层。

在上述情况下，物质传递主要靠漩涡来进行，即传质方式主要是对流扩散，而分子扩散很少。此时的传质速率主要取决于流体力学条件，而与流体性质的关系极小。

## 4.2 常见反应类型

根据反应原料状态的不同，反应可分为液液均相反应、液液非均相反应、气液反应、固液反应、气液固反应等。均相反应，传质混合较容易；而非均相反应，传质混合难度较大。

### 4.2.1 液液非均相反应

在有机合成中常遇到非均相有机反应，这类反应通常速度很慢，收率低，两相态之间存在相间传质阻力。传统的釜式反应，采用机械搅拌混合方式，在强化两相间的传质过程中，效率明显降低，反应时间较长。

在连续流工艺研发中，对于液液非均相反应，微通道反应器能体现出非常大的优势。微通道反应器管路尺寸小，流体以高流速状态流动，并且微通道内部有特殊的通道形状，可大幅度提升雷诺数，强化湍流状态。流体的混合状态与流体的流速呈正比，流速越大，混合状态越好。

另外，相转移催化技术也是降低非均相反应传质难度的一种有效方式。一般相转移催化的反应，都存在水溶液和有机溶剂两相，离子型反应物往往可溶于水相，不溶于有机相，而有机底物则可溶于有机溶剂之中。不存在相转移催化剂时，两相相互隔离，几种反应物无法接触，反应进行较慢。加入相转移催化剂，其可以与水相中的离子结合，并利用自身对有机溶剂的亲和性，将水相中的反应物转移到有机相中，促使反应发生。常用的相转移催化剂有聚醚、环状冠醚、季铵盐、季鏻盐、季铵碱、叔胺等。

## 4.2.2 气液反应

气液非均相反应由于气液体积比较大，相间传质难度大，在连续流工艺开发中，存在很大的技术难题。连续流工艺改进过程中，常采取以下3种方式。

### 4.2.2.1 气体压缩

常压下，相同物质的量的气体和液体，体积相差几百倍，通过背压的方式，可以有效缩小体积比。

假设有这样一种气体，它有质量、无体积，可作为质点，我们把这样的气体叫做“理想气体”。理想气体是不存在的。在温度不太低、压强不太大时，实际气体都可看成是理想气体。

理想气体状态方程［式(4-6)］，是描述理想气体在处于平衡态时，压强、体积、物质的量、温度间关系的状态方程。它建立在玻义尔-马略特定律［式(4-7)］、查理定律［式(4-8)］、盖-吕萨克定律［式(4-9)］等经验定律上。

$$pV=nRT \tag{4-6}$$

$$pV=C_1 \tag{4-7}$$

$$p/T=C_2 \tag{4-8}$$

$$V/T=C_3 \tag{4-9}$$

式中 $p$——理想气体的压强，Pa；

$V$——理想气体的体积，$m^3$；

$n$——气体物质的量，mol；

$T$——理想气体的热力学温度，K；

$R$——理想气体常数，$R=8.314J/(mol \cdot K)$；

$C_1$、$C_2$、$C_3$——常数。

理想气体状态方程的变形式：

$$V=\frac{nRT}{p} \tag{4-10}$$

① 当物质的量 $n$ 不变、压力 $p$ 不变时，温度 $T$ 的改变，会导致气体体积 $V$ 的改变。$V$ 与温度 $T$ 成正比，温度由 0℃升至 300℃时，体积增加 1 倍。$n$、$p$ 不变时，气体体积与温度的关系如表 4-1 所示。

**表 4-1 气体体积与温度的关系**

| $t$/℃ | $T$/K | $V$ |
|---|---|---|
| −50 | 223.15 | $0.81V_0$ |
| 0 | 273.15 | $V_0$ |
| 50 | 323.15 | $1.18V_0$ |
| 100 | 373.15 | $1.36V_0$ |
| 150 | 423.15 | $1.55V_0$ |
| 200 | 473.15 | $1.73V_0$ |
| 300 | 573.15 | $2.01V_0$ |

② 当物质的量 $n$ 不变、温度 $T$ 不变时，压力 $p$ 的增加，会导致气体体积 $V$ 的减小。$V$ 与压力 $p$ 成反比，压力由常压增加至 5MPa 时，体积缩小至$\frac{1}{50}$。$n$、$T$ 不变时，气体体积与压力的关系如表 4-2 所示。

**表 4-2 气体体积与压力的关系**

| $p$/MPa | $V$ |
|---|---|
| 0 | ∞ |
| 0.1（常压） | $V_0$ |
| 1 | $0.1V_0$ |

续表

| $p$/MPa | $V$ |
| --- | --- |
| 2 | $0.05V_0$ |
| 3 | $0.03V_0$ |
| 4 | $0.025V_0$ |
| 5 | $0.02V_0$ |

对于气体参与的反应（饱和蒸气压较高，如 $H_2$、$O_2$），在气体体积配比较大的情况下，气液处于泡状流或弹状流状态，无法实现气液的良好混合，也就无法成功地进行实验研究。而体系背压是优化气液体积配比、强化传质效率的一个非常重要的手段。一方面进行体系背压，一方面进行液态原料稀释，可以将气液的体积比缩小至十几倍、几倍。对于连续流工艺，通常是一次性快速反应，气体按照物质的量配比，一次性给足。如果可以将气液体积比控制在 5 以内，可以得到较好的反应效果。

### 4.2.2.2　气体增压液化

对于特殊气体参与的反应（饱和蒸气压不高，如 $NH_3$、$Cl_2$、$CH_3Cl$ 等)，当体系压力超过气体的饱和蒸气压时，可以将气态转变为液态。此时，气液非均相反应转变为液液反应，体积比缩小，相间传质阻力减小，传质效率增加。

通过背压的方式，将气体转变为液体后，对原料的定量输送和计量也会变得容易。高压柱塞泵可以实现高压液体的输送，使用过程中要考虑压力限制和腐蚀性限制。

在液体（或者固体）的表面存在着该物质的蒸汽，这些蒸汽对液体(或固体）表面产生的压强就是该液体（或固体）的蒸气压。不同温度下，物质的饱和蒸气压可由安托因（Antoine）方程［式（4-11）、式（4-12）］进行估算。安托因方程是一个简单的三参数方程，用来描述纯液体饱和蒸汽压。它是由工程经验总结得到的，适用于大多数化合物，其一般形式为：

$$\lg p = A - B/(t + C) \tag{4-11}$$

式中　$A$、$B$、$C$——物性常数，不同物质对应不同的值；

$p$——对应的纯液体饱和蒸气压，mmHg，1mmHg≈133.3Pa；

$t$——摄氏度，℃。

对于另外一些只需常数 $B$ 与 $C$ 值的物质，则可采用下式进行计算

$$\lg p = -52.23B/T + C \tag{4-12}$$

式中　$T$——热力学温度，K。

有关物性数据可在手册中查到，可参阅附录3“Antoine常数表”。

#### 4.2.2.3 气体溶解

对于部分气体参与的反应（可以采用溶剂溶解，如HCl-MeOH、$NH_3$-MeOH等），气体先溶解于溶剂中，气液反应转变为液液反应，可有效降低传质阻力。

在一定温度的密封容器内，气体的分压与该气体在溶液内的摩尔浓度成正比［亨利定律，式（4-13）～式（4-15）］。在恒温下，挥发性溶质在气相中的分压（$p_B$）与其在溶液中的摩尔分数（$x_B$）成正比。

$$p_B = k_x x_B \tag{4-13}$$

$$p_B = k_b b_B \tag{4-14}$$

$$p_B = k_c c_B \tag{4-15}$$

式中　$p_B$——稀薄溶液中溶质的蒸气分压；

$k$——亨利常数；

$x_B$——摩尔分数；

$b_B$——质量摩尔浓度；

$c_B$——物质的量浓度。

亨利定律是化工单元操作“吸收”的理论基础，亨利常数是选择吸收溶剂所需要的重要数据。由亨利定律可知，气体压力越大，它在溶液中的溶解度越大，温度越低，溶解度越大，因此吸收的有利条件是低温高压。亨利定律只适用于溶解度很小的体系，不能用于压力较高的体系。只有溶质在气相中和液相中的分子状态相同时，亨利定律才适用。若溶质分子在溶液中有离解、缔合等，将产生偏差。

### 4.2.3 固液反应

在有机合成中常遇到固体参与的非均相有机反应，传质阻力较大，这类反应通常速度很慢。加速固液反应的一种有效方式为将固体加工成纳米（微米）微粒，分散到反应体系中。

纳米材料结构单元的尺寸介于1～100nm。由于它的尺寸接近电子的相干长度，并且其尺度已接近可见光的波长，加上其具有较大的比表面积，因此表现出优异的特性。它具有表面效应、小尺寸效应和宏观量子隧道效应。

纳米微粒悬浮液的动力学特性主要表现在三个方面：布朗运动、扩散、沉降与沉降平衡。

(1) 布朗运动

布朗运动是由介质分子热运动造成的。胶体粒子（纳米粒子）形成溶胶时会产生规则的布朗运动。

$$X=\left(\frac{RTt}{3N_{\mathrm{A}}\pi r\eta}\right)^{1/2} \tag{4-16}$$

式中　$X$——$t$ 时间间隔内粒子的平均位移，m；

$r$——微粒的半径，m；

$\eta$——分散介质的黏度系数，Pa·s；

$T$——温度，K；

$R$——摩尔气体常数，$R=8.314\mathrm{J/(mol \cdot K)}$；

$N_{\mathrm{A}}$——阿伏伽德罗常数，$N_{\mathrm{A}}=6.02\times10^{23}$。

由式（4-16）可知，当其他条件一定时，微粒的平均位移与其粒径的平方根呈反比，也就是粒径越小，微粒的布朗运动越剧烈。

(2) 扩散

在有浓度梯度存在时，物质粒子因热运动而发生宏观上的定向迁移的现象，称为扩散。也就是说，产生扩散现象的主要原因是物质粒子的布朗运动。由于布朗运动是无规则的，因而就单个质点而言，它们向各个方向运动的概率均等。但在浓度较高的区域，由于单位体积内质点数较周围多，因而必定是“出多入少”，使浓度降低，而低浓度区域则刚好相反，这就表现为扩散。所以扩散是布朗运动的宏观表现，而布朗运动是扩散的微观基础。扩散服从菲克定律：

$$\frac{\mathrm{d}m}{\mathrm{d}t}=DA\,\frac{\mathrm{d}c}{\mathrm{d}x} \tag{4-17}$$

即单位时间内通过某截面的扩散量 $\mathrm{d}m/\mathrm{d}t$ 与该截面浓度梯度 $\mathrm{d}c/\mathrm{d}x$ 成正比。比例常数 $D$ 即为扩散常数，$D$ 越大，粒子的扩散能力越强。爱因斯坦曾推导出如下关系式：

$$D=\frac{RT}{6N_{\mathrm{A}}\pi r\eta} \tag{4-18}$$

式中 $D$——扩散常数，$m^2/s$；

$r$——微粒的半径，m；

$\eta$——分散介质的黏度系数，Pa·s；

$T$——温度，K；

$R$——摩尔气体常数，$R=8.314J/(mol \cdot K)$；

$N_A$——阿伏伽德罗常数，$N_A=6.02\times10^{23}$。

由式（4-18）可知，微粒的扩散与粒子的半径呈反比，这说明粒子的半径越小，扩散能力越强。

(3) 沉降与沉降平衡

多相分散系统中的物质粒子因受重力作用而下沉的过程称为沉降。分散质的粒子所受到的作用力大致可分为两类：一是重力场的作用，它力图将粒子拉到地面；另一种是因布朗运动所产生的扩散作用，它力图使粒子趋于均匀分布。沉降与扩散是两个相反的作用，两者之间存在着相互竞争。对于一般溶液，由于扩散作用占绝对优势，沉降现象不明显。对于粗分散系统，如浑浊的泥水静置多时便可澄清，这主要是因为粒子的质量大，扩散速度很慢，沉降起主导作用，而使质量大的粒子沉积于容器底部。一般来说，粒子的粒径越小，布朗运动越强烈，扩散速率也越大，因而粒子受重力作用下沉出现浓度梯度时，则必然导致反方向的扩散作用的加强，若扩散速率等于沉降速率，则系统达到沉降平衡。

介质对球形粒子运动的阻力为：

$$F_D=6\pi\eta rv \tag{4-19}$$

式中 $F_D$——介质对球形粒子运动的阻力，N；

$r$——微粒的半径，m；

$\eta$——分散介质的黏度系数，Pa·s；

$v$——微粒的运动速度，m/s。

如果分散粒子比较大，布朗运动不足以克服沉降作用时，粒子就会以一定速度沉降，对于一个仅在重力作用下的以一定速度沉降的球体而言，沉降力就等于球的重力减去流体的浮力，即：

$$F=\frac{4}{3}\pi r^3 g(\rho-\rho_0) \tag{4-20}$$

式中 $F$——沉降力，N；

$g$——重力加速度，$m/s^2$；

$\rho$——微粒的密度，$kg/m^3$；

$\rho_0$——分散介质的密度，$kg/m^3$；

$r$——微粒的半径，m。

当 $F_D=F$ 时，粒子将以恒定速度 $v$ 沉降。此时

$$6\pi\eta rv=\frac{4}{3}\pi r^3 g(\rho-\rho_0) \tag{4-21}$$

则微粒的沉降速度为：

$$v=\frac{2r^2 g(\rho-\rho_0)}{9\eta} \tag{4-22}$$

微粒的沉降速度与粒子的半径平方成正比，这说明粒子半径越小，沉降越慢。

纳米微粒的制备方法主要包括机械粉碎法、气体蒸发法、溶液法、激光合成法、等离子体合成法、射线辐照合成法、溶胶-凝胶法等。应用较多、简单方便的技术是机械粉碎法。机械粉碎法制备纳米粒子的原理是：通过外部机械力的作用，即通过研磨球、研磨罐的频繁碰撞，使得颗粒在球磨过程中反复地被挤压、变形、断裂、焊合。随着球磨过程的进行，颗粒表面的缺陷密度增加，晶粒逐渐细化，形成纳米级的颗粒。常见的加工设备包括球磨、振动球磨、振动磨、搅拌磨、胶体磨、纳米气流粉碎气流磨等。

## 4.3 连续流工艺与传统釜式工艺的区别

连续流工艺与传统釜式工艺有很大的区别，具体有如下几个方面：

(1) 强化传质方式

釜式工艺主要依靠机械搅拌，强化传质。搅拌混合的效率随着物料的增多逐渐降低，放大效应明显。特别是在非均相体系中，其混合效果较差。对反应产正的负面影响有局部配比失衡、返混严重、反应时间长、副反应多。

连续流工艺依靠特殊通道改变流体流动状态（混沌流、湍流），强化传质。传质混合效率优于机械搅拌。

(2) 生产方式

釜式工艺为批次生产，连续流工艺为小量连续生产；釜式工艺存在返混，连续流工艺无返混。相比之下，反应时间对连续流工艺在产量、设备

等方面的要求更高。连续流工艺必须大幅度缩短反应时间，才有利于产品产量放大和节约设备投资。缩短反应时间的方式就是最大限度地优化动量传递、热量传递和质量传递。

(3) 反应选择性

很多釜式反应，存在原料滴加、原料分批加入的操作。这种反应方式，属于不饱和反应（物质的量配比不足，或者称为饥饿反应）。而连续流反应常常是一次性给足原料，是按照物质的量配比进行的饱和反应。

传统釜式的不饱和反应和连续流技术的饱和反应，在有位置选择性的实验中（如硝化、酸酐氨解等），会有明显的区别。实验中发现，在连续流技术的饱和反应过程中，位置选择性在很大的范围内不随温度的改变而改变，表面看来位置选择性不再受热力学影响。可以表明，对于该类反应的位置选择性，动力学因素比热力学因素影响更大。

(4) 使用范围

传统的釜式反应器虽然是一种“万能设备”，但是在使用范围上有很大的局限性。新型的连续流设备搭配辅助设备，可以在温度、压力、时间等条件上进行大范围梯度变化的研究和探索。

## 4.4 连续流工艺研发思路

通过查阅文献和分析实验经验，做到对实验内容、实验机理的全面了解。在结合各种连续流设备特点的基础上，进行连续流工艺的设计（图4-2）。首先要确保实验运行的可行性（避免堵塞、超温、超压等问题）；然后，通过实验来验证可行性（有无反应效果、优化趋势）；结合可行性分析结果，探究优化内容（路线优化、条件优化），依托连续流设备提供的连续的实验条件，可以进行全面的实验条件探讨；最后分析实验数据，对工艺结论和反应机理进行总结。

## 4.5 连续流设备选择

连续流工艺已经成为研究热点，连续流设备多种多样，不同设备可满足不同的需求（表4-3）。在选择连续流设备时，需要综合考虑安全、反应机理、传质要求、设备特点等要素。

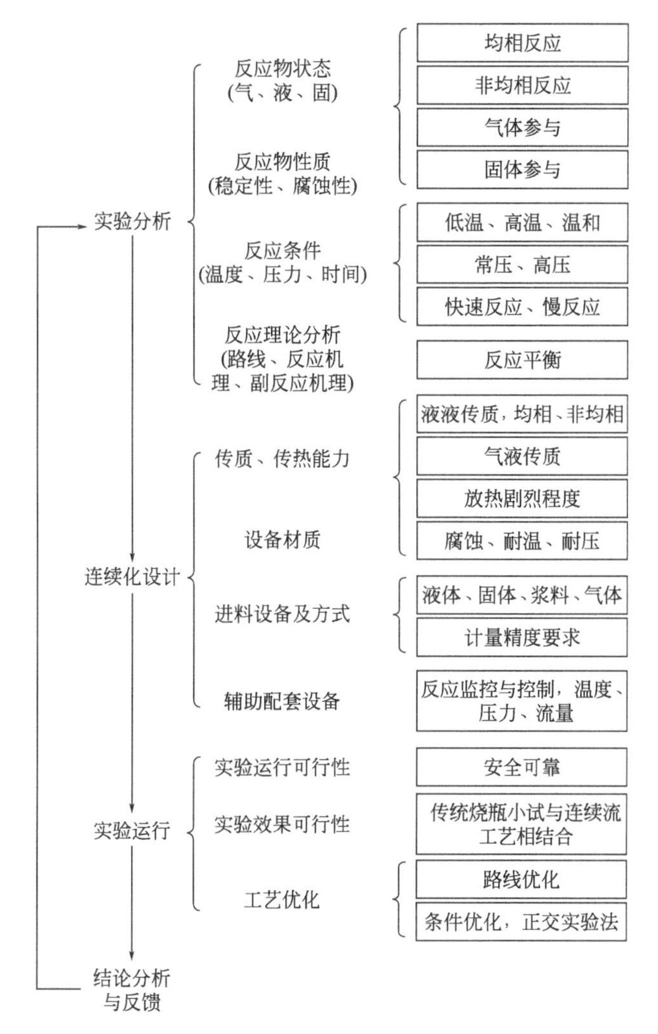


**图 4-2　连续流工艺设计整体思路**

**表 4-3　部分连续流设备适用反应**

| 名称 | | 特点 | 材质 | 适用反应类型 |
|---|---|---|---|---|
| 微通道反应器 | 板式微通道反应器 | 高效传质、传热 | 316L、哈氏合金、SiC、聚四氟乙烯、特殊金属等 | 液液 |
| | 管束式微通道反应器 | 高效传质、传热 | 316L、哈氏合金、特殊金属等 | 液液 |
| | 板式微气泡反应器 | 高效传质、传热 | 316L、哈氏合金、特殊金属等 | 气液 |
| 微混合器＋延时盘管 | | 高效传质（无传热） | 316L、哈氏合金、聚四氟乙烯、特殊金属等 | 液液 |

续表

| 名称 | 特点 | 材质 | 适用反应类型 |
|---|---|---|---|
| 动态管式反应器 | 高效传质、传热 | 316L、哈氏合金、特殊金属等 | 应用广泛，特别是适合液固反应 |
| 回路反应器 | 文丘里效应 | 316L、哈氏合金、特殊金属等 | 气液 |
| 固定床反应器 | 催化剂固定 | 316L、哈氏合金、特殊金属等 | 气液固 |

## 4.6 连续流实验室建设

连续流实验室不同于传统有机合成实验室，也不同于分析实验室，这种区别是由连续流设备的特点决定的。连续流设备是集成化设备，有设备体积大、配套设备多、设备用电要求高、电器元件耐腐蚀性能差等特点。连续流实验室是有机合成实验室与分析实验室的结合。对于连续流实验室的建设，在以下几个方面应严格要求。

① 安全　包括安全防护，水、电安全，化学品安全，气体安全等。连续流反应往往是在一定压力下进行的反应，应做好喷溅防护。除了实验服、手套、防毒面具之外，还需要配备护目镜、防喷面罩（图 4-3）等。

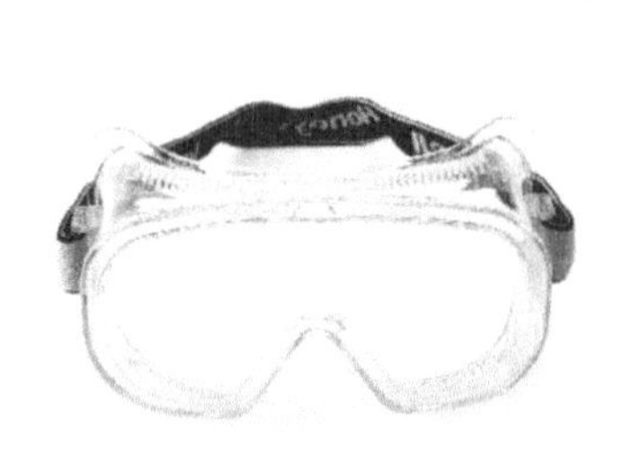

图 4-3　护目镜和防喷面罩

② 用电　连续流设备用电要求高，需要配备 220 V 和 380 V 电源，设备运行功率高，用电设备数量多。

③ 空间　连续流设备体积较大，设备周转和拼装需要更大的活动空

间。传统有机合成实验室的药品台不适合连续流实验室，安装有万向轮、方便移动的实验桌是更好的选择。

④ 通风橱　连续流设备体积大，设备较重。为了更方便地周转、安装和使用，落地式通风橱（图 4-4）是比较好的选择。为了保护设备，控制良好的实验环境，对通风的要求较高。

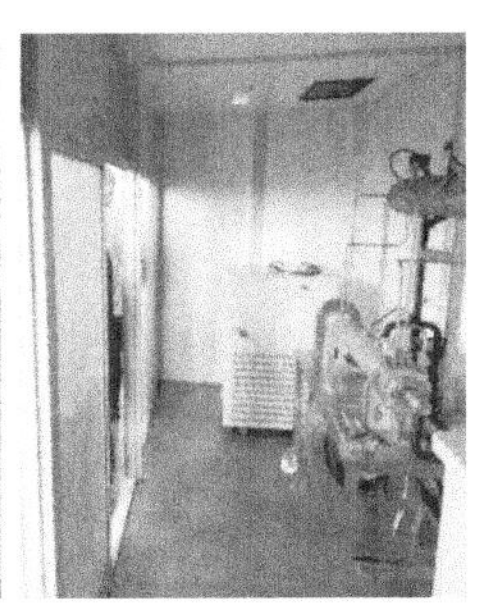

**图 4-4　落地式通风橱**

⑤ 电器设备防护　电器设备有通风口，内部电器元件不耐腐蚀。有机合成反应的有机物料挥发至空气中，对设备腐蚀严重。对于进料泵、无纸记录仪、冷热一体机等设备，建议配备隔离罩。

# 4.7　连续流实验实用技巧

## 4.7.1　原料预热

### 4.7.1.1　反应片预热

为实现反应过程中温度的准确控制，可以提前将物料预热；达到设定温度后，再混合反应。如图 4-5 所示，反应片 1 和 2 进行预热，第 3 片开始混合反应。微通道反应器的换热效率较高，在－10～150℃的范围内，一般 1 片反应片就可以将物料预热到目标温度。

### 4.7.1.2　管路换热

泵出口的输料管线可以提前进行换热，如采用伴热带（图 4-6）加热、管线换热夹套换热等。伴热带应用简单，是比较常用的方式，有恒温伴热带（如自来水管伴热带，70℃左右）和可调温度伴热带（一般 30～180℃）。

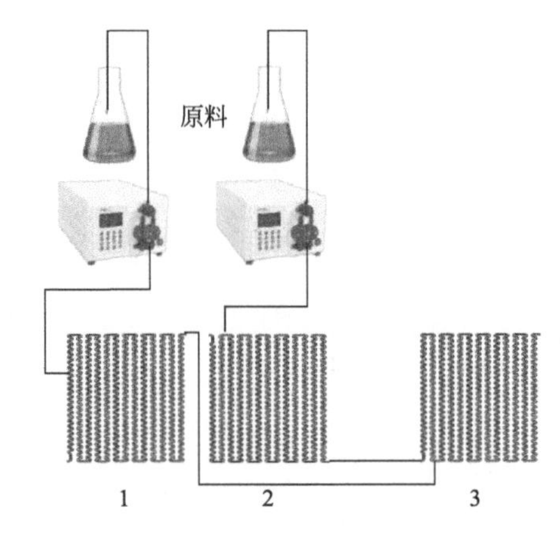


图 4-5　反应片预热

图 4-6　伴热带

### 4.7.1.3　管路保温

对于易挥发或易凝固的原料，在用泵输送过程中需要进行管路冷却或保温（图 4-7）。如 $H_2O_2$ 的输送，$H_2O_2$ 易分解产生气体，气泡的产生会影响高压柱塞泵的流量稳定性和精确度。在连续流实验过程中，泵处于压力输送状态，如果单向阀产生气泡，会出现流量波动，甚至出现不进料的情况，导致实验失败。因此 $H_2O_2$ 需要提前降温，并且将整个输送管路加装保温材料。

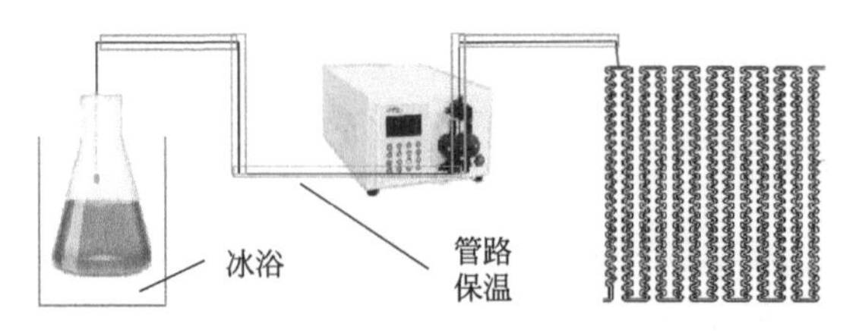


图 4-7　管路保温

#### 4.7.1.4　高温进料

对于熔点不高（30～200℃）的物料，可以采用高温熔融进料的方式，将固体进料计量改为液体进料计量。原料先进行加热熔融，采用泵提供输送动力，输送管路进行保温处理。

目前市场上有一些高温进料高压柱塞泵，可以为熔融进料提供方便，但是其温度使用范围不高（30～100℃），稳定性也不太好。

对于熔点 30～ 70℃的原料，可以采用常规的高压柱塞泵，结合鼓风干燥箱来运行小试实验，如图 4-8 所示。

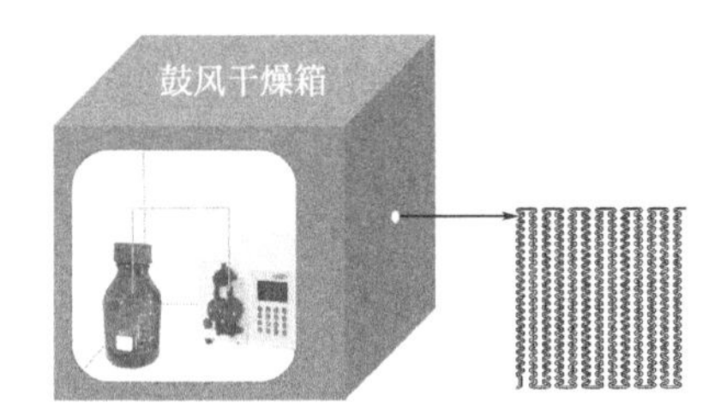


**图 4-8　鼓风干燥箱熔融进料**

对于熔点大于 100℃的原料（如金属锂、钠、钾等），可以采用间接进料的方式，如图 4-9 所示。

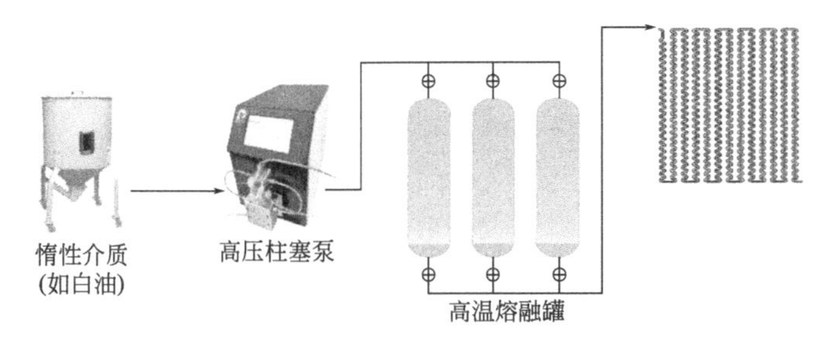


**图 4-9　高温熔融间接进料**

### 4.7.2　体积比优化

多种进料泵（高压柱塞泵、隔膜泵、蠕动泵）存在脉冲，同时输送物料很难保证物料之间体积比（或质量比）的稳定性，会造成局部配比失衡。物料之间的体积比（或质量比）越大，配比失衡越明显，严重影响反应效果。

在连续流反应器中，流体的湍流（或混沌流）可以弱化局部的配比失衡。不同的反应器，不同的通道结构，弱化能力不同。普遍认为，将物料之间的体积比控制在≤10 的范围内比较合适。

### 4.7.2.1 溶剂分配

对于均相体系，可以将溶剂进行分配或增加溶剂，调节体积比。如均相硝化反应，可以将 $H_2SO_4$ 进行分配，一部分溶解原料，一部分配制混酸。对于非均相硝化反应，可以尝试调节溶剂用量，调节体积配比。

### 4.7.2.2 分散进料

多位点分散进料也可以调节体积配比，不同位点的进料速度，要进行分散设计。如两相反应，A 1mL/min，B 10mL/min，可以将 B 分为三点进料（1mL/min、2mL/min、7mL/min）。三点的体积比分别为 1∶1、1∶1、1∶1.75。

### 4.7.2.3 溶剂稀释

对于非均相体系，可以采用溶剂将物料稀释，调节配比。如液氯氯化反应（图 4-10），液氯不溶于 DCM（二氯甲烷），原料（DCM 溶液）与液氯的体积比>10，可以采用 DCM 稀释液氯再参与反应的方法调节体积配比。

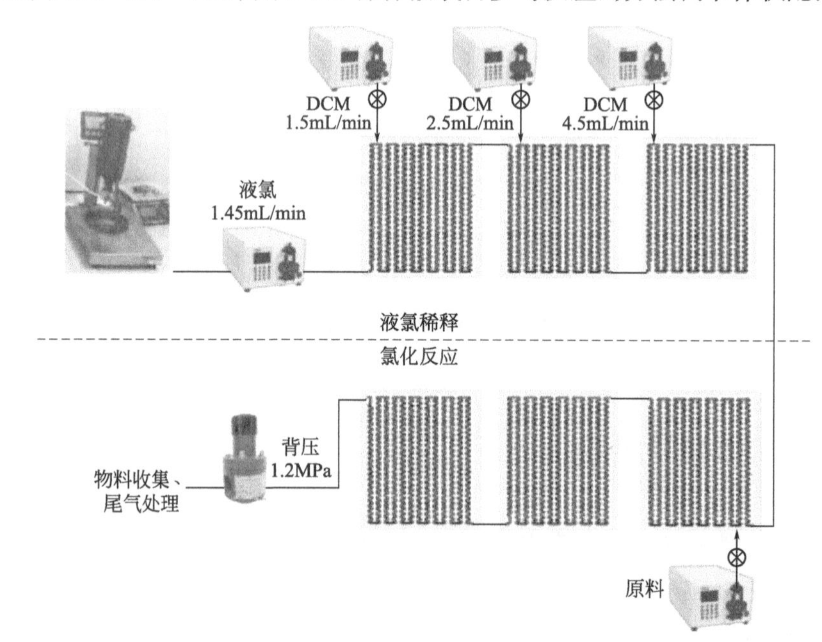


图 4-10 液氯稀释

#### 4.7.2.4 管径调节

还有一种方式可以优化体积配比，即调节不同物料输送管路的内径。通过调节内径的尺寸，调整物料流动的截面面积，如图4-11所示。

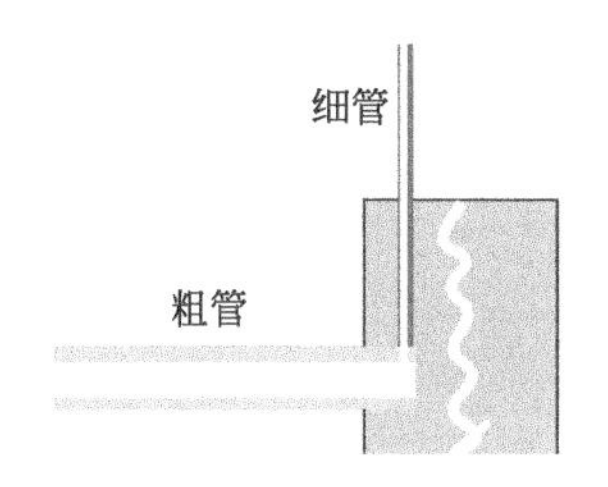


图4-11　调节管径调整体积配比

### 4.7.3 进料速度

反应物料在微通道中流动时，在物料、管道确定的情况下，雷诺数 $Re$ 与流速 $v$ 成正比。为了达到理想的混合效果，应选择较大的进料速度。

$$Re=\frac{\rho v d}{\mu} \tag{4-23}$$

式中　$\rho$——流体密度，$kg/m^3$；

$v$——平均流速，m/s；

$d$——管道直径，m；

$\mu$——流体动力黏度，Pa·s或（N·s）$/m^2$。

连续流反应器有自身的持液量 $V_0$（即设备的容积），对于常规的液液反应，其停留时间计算方法为：

$$t=\frac{V_0}{v_{总}} \tag{4-24}$$

式中　$t$——停留时间，min；

$v_{总}$——物料总流速，mL/min；

$V_0$——设备的容积，mL。

连续流反应器中的反应时间与物料进料速度呈反比，速度越快，时间越短；同样，要达到相同的反应时间，需要的连续流设备越长。同时，流体在管道中流动，流速越大，摩擦力越大，压降越大。实验中，需要综合分析混合效果、反应时间、压降等因素来选择最佳的进料速度。

## 4.7.4　多位点进料

多位点进料是将某一种（或几种）组分进行分散进料的方式。其主要有两方面的作用：调节物料配比和分散反应热量。

① 调节物料配比　对于体积比较大的反应，可以分散进料，调节原料体积比。对于副反应较多的反应，可以进行饥饿反应，减少副反应的发生。

② 分散反应热量　将反应物分散进料，反应产生的热量可以分配至不同的部位，减缓温度波动，抑制飞温现象。在反应剧烈、放热量大的反应中需要采用此种方案，如微通道硝化反应工业化生产。

## 4.7.5　体系背压

压强对固体、液体（溶液）的反应影响较小，对气体参与的反应有明显的促进作用。气体的压强增大，缩小气体体积，相应的浓度增大，有效碰撞概率增大，提升反应速率。气体体积减小，有利于延长反应时间。当气体压强增大到一定程度时，气液反应变为液液反应。可以改变物料的进料状态，减轻物料进料和计量的难度，如液氯氯化和液氨氨解。

进行体系背压的主要设备为背压阀，背压阀的使用方式参见3.3.1节的相关内容。

## 4.7.6　气液混合

气液反应存在非常大的传质阻力。在连续流工艺过程中，气液的混合效率对反应效果有决定性的影响。对于气液反应可以采用背压压缩法、溶液溶解法（参见4.2.2节相关内容）及微气泡法等。微气泡法是将气泡剪切成微米/纳米级微气泡，与液体混合后形成乳化液，增大相接触面积。

## 4.7.7　反应延时

连续流反应器的持液量有限，很多反应在单一连续流设备中不能完全进行，可以串联其他设备，延长反应时间。对于非均相液态反应，常采用微通道反应器串联。对于均相液态反应，可以采用延时盘管与反应器串联。

市场上在售的延时反应器，一般是盘管制造的。盘管内无特殊混合结构，盘管的内径较大。实际使用过程中，延时反应器的持液量大，成倍增加反应时间，并且延时反应器带来的压降较小。

### 4.7.8　固体参与

工业生产中大部分有固体参与，对于连续流工艺，固体的参与是个很大的难题。进料困难、设备堵塞、固液传质阻力大等，制约了连续流工艺的开发。

对于固体问题常采用以下方法进行优化。①改变工艺，增加溶剂溶解固体。将固液非均相反应，改变为液液均相反应。②使用胶体磨将固体颗粒粉碎至微米/纳米级别，增大相界面面积。采用蠕动泵或固体进料器进料。

### 4.7.9　分段控温

连续流设备非常容易实现分段控温。不同反应段，不同的温度控制，对提高反应的安全性、选择性、原子利用率有很大帮助。

以硝化反应为例，硝化过程中浓度与温度等速曲线如图 4-12 所示，$T$ 代表温度，$C$ 代表硫酸浓度。在等速率的前提下，较高的酸浓度，则需要较低的反应温度；而较低的酸浓度，则需要较高的反应温度。综合考虑副反应、原料成本、后处理、能耗等因素，可以根据曲线选择合适的温度和浓度。

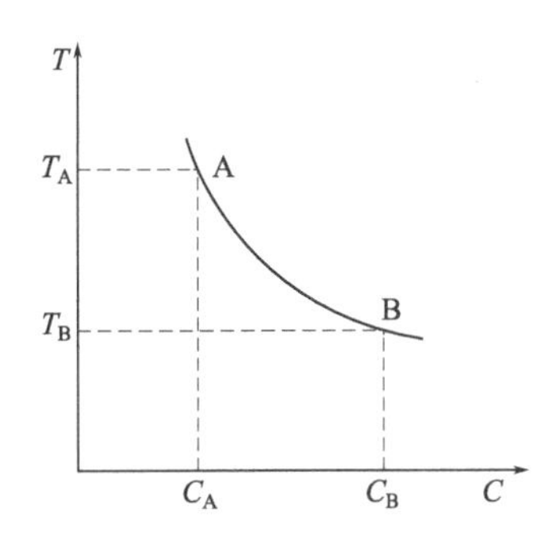


**图 4-12　浓度与温度等速曲线**

## 4.8　连续流工艺工业化放大

连续流技术的出发点是将间歇大处理量反应，改革为连续小通量反应。

将釜式粗放的反应控制过程，改革为精细化控制的反应过程。反应过程中较小的瞬时处理量，极大地降低了反应过程带来的安全隐患。高效的传质、传热优势，缩短了反应完全进行的时间。

工业化设备与小试设备相比，空间体积只增大了几倍至十几倍。与釜式反应的几千倍相比，放大效应非常小。打通的小试工艺，可以快速地应用于工业化设备。

连续流工艺工业化放大过程中，常常遇到的是传热问题。瞬时热量增大，对温度控制系统有较高的要求。目前，多位点进料、设备并联等措施是比较好的选择。

# 第5章

# 连续流工艺案例

## 5.1 硝化反应

### 5.1.1 硝化反应简介

硝化工艺生产属高危行业，在《重点监管危险化工工艺目录》中，硝化工艺位居 18 种工艺的第 4 位。硝化工艺作为基础工艺，广泛应用于医药、农药、染料、炸药、化学助剂等领域。硝化反应反应剧烈、放热量大，不易控制。传统的釜式搅拌反应器（搪瓷釜、钢釜、铸铁釜或不锈钢釜），设备技术落后，安全性能差。硝化爆炸事故频频发生，给人们的人身和财产安全造成巨大的损失，并且造成了严重的环境污染。硝化工艺的生产现已受到政府的严格管控。

近几年备受关注的微化工技术，为现代绿色工业提供了新的方向，也逐渐成为新的研究热点。2018 年版《石化绿色工艺名录》中，优中选优的 20 条绿色工艺中就包含“微通道自动化生产工艺”。《全球工程前沿 2019》报告，再次指出“微反应系统开发”为工程开发前沿。连续硝化技术的开发已经进行了很多年，主要的工作方向是减小反应量、提升换热效率。工业生产中串联釜式连续硝化反应器和微通道连续硝化反应器已得到成功应用。

1846 年，穆斯普拉特首先使用混酸作为硝化剂，进行了硝化反应。混酸中，硫酸为催化剂，起酸的作用，硝酸起碱的作用，共平衡反应式为：

$$H_2SO_4 + HNO_3 \rightleftharpoons HSO_4^- + H_2NO_3^+$$

$$H_2NO_3^+ \rightleftharpoons H_2O + NO_2$$

$$H_2SO_4 + H_2O \rightleftharpoons HSO_4^- + H_3O^+$$

$$2H_2SO_4 + HNO_3 \rightleftharpoons 2HSO_4^- + NO_2^+ + H_3O^+$$

硝化反应中，首先是 $NO_2^+$ 向芳烃发生亲电进攻生成 $\pi$ 络合物，然后转变成 $\sigma$ 络合物，最后脱去质子得到硝化产物。其中形成 $\sigma$ 络合物是反应速度的控制阶段。以苯的硝化为例，其反应历程可以用下式表示：

$+NO_2^+$ ⇌ $NO_2^+$ $\xrightarrow{快}$ H $NO_2$ + $\xrightarrow{慢}$ $NO_2$

混酸不是唯一的硝化试剂，硝化工艺中使用的硝化剂有很多种，如表 5-1 所示。硝化生产的一般步骤主要包括混酸配制、硝化反应、中和水洗、脱水精馏、废水处理以及配套的罐区和员工操作等过程，其中硝化反应存在较大的安全隐患。所有的生产过程都是由操作人员完成的，所以操作人员的操作水平高低、责任心强弱、应急事故判断和处理能力的大小等都决定了生产是否能平稳地运行。

**表 5-1 常见的硝化剂**

| 硝化剂 | 硝化反应时的存在形式 | $X^-$ | HX |
|---|---|---|---|
| 硝酸乙酯 | $C_2H_5ONO_2$ | $C_2H_5O^-$ | $C_2H_5OH$ |
| 硝酸 | $HONO_2$ | $HO^-$ | $H_2O$ |
| 硝酸-醋酐 | $CH_3COONO_2$ | $CH_3COO^-$ | $CH_3COOH$ |
| 五氧化二氮 | $NO_2 \cdot NO_3$ | $NO_3^-$ | $HNO_3$ |
| 氯化硝酰 | $NO_2 \cdot Cl$ | $Cl^-$ | HCl |
| 硝酸-硫酸 | $NO_2 \cdot OH_2$ | $H_2O$ | $H_3O^+$ |
| 硝酰硼氟酸 | $NO_2 \cdot BF_4$ | $BF_4^-$ | $HBF_4$ |

## 5.1.2 均相硝化

硝化工艺中，有一部分反应，原料可溶于浓硫酸，反应过程中为液体均相状态。反应结束一般加水稀释，硝化产物结晶析出，然后进行过滤、洗涤等后处理操作。

连续化工艺设计：

(1) 设备选择

均相液液反应，连续流设备选择较多。微通道反应器最佳（图 5-1），传质、传热效果最好。设备材质可以选择哈氏合金（HC）、SiC、特殊材料等。

(2) 进料泵选择

常温液态原料，进料泵选择高压柱塞泵较好。泵头材质选择哈氏合金（HC）、聚四氟乙烯等。

(3) 反应方式

① 单位点进料　原料从前部一次性进料（图 5-1）。优点：设备、操作简单。缺点：热量集中，可能促进副反应；压降较大；体积比大，影响混合效果。

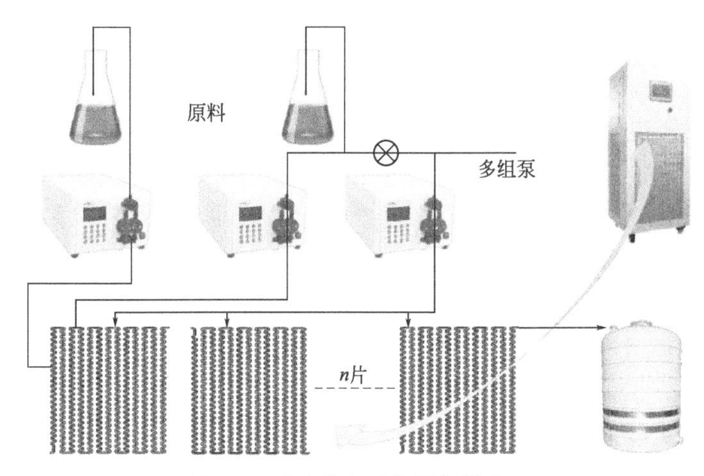


**图 5-1　液液均相硝化设备搭建 A**

② 多位点进料　对于均相硝化反应，常存在液液体积比较大的情况。原料溶于浓硫酸中，其体积比硝酸大很多。将原料的硫酸溶液进行多个部位进料，是一种优化体积配比的方式（图 5-2）。比如第 1 位点进部分硫酸，第 2 位点进全部硝酸，第 3 位点进剩余的硫酸。这样的分散进料方式，也存在一个问题，就是前面进料摩尔配比过高。部分反应适合这种方式，并且不存在副反应。

均相反应对传质的要求低一些，为了节省成本和延长反应时间，可以将部分微通道结构换成延时盘管反应器。

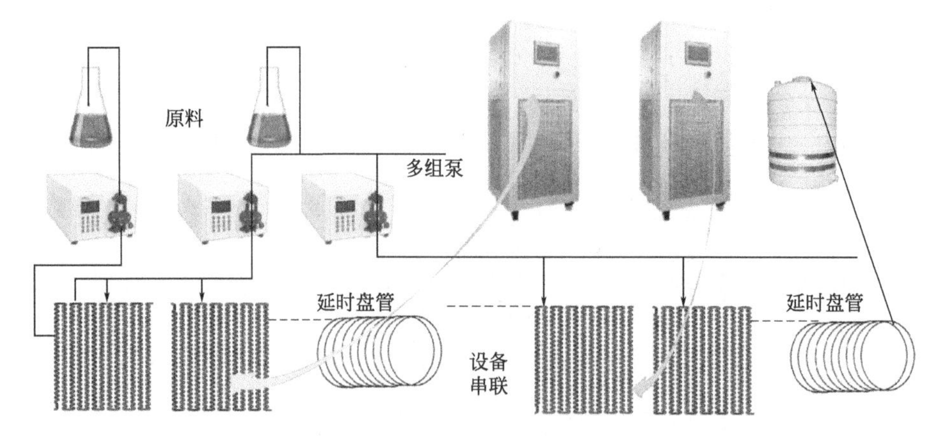


**图 5-2 液液均相硝化设备串联搭建 B**

## 5.1.3 非均相硝化

硝化工艺中，很多反应都是液液两相状态，原料和产物不能溶于浓硫酸，有的反应也会加入溶剂［DCM（二氯甲烷）、DCE（二氯乙烷）等］。反应过程为液液非均相状态，反应结束产物和酸自动分层。反应结束后，通常采用溶剂萃取产物，然后进行碱洗、水洗等后处理操作。例如 2,4-二硝基氯苯的合成。

### 5.1.3.1 氯苯硝化反应机理

2,4-二硝基氯苯（DNCB）是一种重要的化工原料，有毒，遇明火、高热或氧化剂可能会燃烧甚至爆炸，广泛应用于医药、农药、染料、炸药、化学助剂等领域。随着化工行业的不断发展，DNCB 的市场需求也越来越大。其主要的生产方式是传统的釜式硝化反应，将氯苯与混酸按照一定的比例加入反应釜中进行充分反应而得到。所需试剂及性质如表 5-2 所示。

$$\text{C}_6\text{H}_5\text{Cl} \xrightarrow{HNO_3/H_2SO_4} \text{2-}(NO_2)\text{C}_6\text{H}_4\text{Cl} + \text{4-}(O_2N)\text{C}_6\text{H}_4\text{Cl} + \text{3-}(NO_2)\text{C}_6\text{H}_4\text{Cl}$$

$$\text{2-}(NO_2)\text{C}_6\text{H}_4\text{Cl} + \text{4-}(O_2N)\text{C}_6\text{H}_4\text{Cl} \xrightarrow{HNO_3/H_2SO_4} \text{2,4-}(NO_2)_2\text{C}_6\text{H}_3\text{Cl}$$

表 5-2 氯苯硝化所需试剂及性质

| 序号 | 试剂名称 | CAS 登录号 | 分子式 | 熔点/℃ | 沸点/℃ | 密度/($g/cm^3$) | 性质 | 常温状态 |
|---|---|---|---|---|---|---|---|---|
| 1 | 氯苯 | 108-90-7 | $C_6H_5Cl$ | −45 | 132.2 | 1.11 | 易燃，具刺激性 | 液态 |
| 2 | 浓硫酸 | — | $H_2SO_4$ | — | — | 1.84 (98%) | 腐蚀 | 液态 |
| 3 | 浓硝酸 | — | $HNO_3$ | — | — | 约 1.4 (68%) | 腐蚀 | 液态 |

传统釜式工艺包括“一步法”和“两步法”。

一步法：在硝化釜中加入氯苯，然后在持续搅拌下，按一定摩尔比缓慢滴加混酸（$H_2SO_4$-$HNO_3$），加料时温度控制在 55℃。加料完毕，逐渐升温到 80～90℃，保持 1h 左右。反应结束静置分层，上层有机相用碱液和水洗至 pH=7 左右。然后冷却、结晶、干燥，可得到产品。

两步法：在硝化釜中加入氯苯，然后在持续搅拌下，按一定摩尔比缓慢滴加混酸（$H_2SO_4$-$HNO_3$），加料时温度控制在 55℃。加料完毕，逐渐升温到 65℃，保持 3h，反应结束静置分层。上层有机相通入到二次硝化反应釜中，在持续搅拌下缓慢滴加硝酸，加料完毕升温到 80℃并维持 1h。反应结束静置分层，上层有机相用碱液和水洗至 pH=7 左右。

以上工艺的特点有：

① 原料氯苯、浓 $H_2SO_4$、浓 $HNO_3$，室温下为液体状态；

② 液态非均相反应，原料、中间体、产物不溶于浓 $H_2SO_4$，传质阻力大；

③ 反应温度适中（50～90℃），反应难度小，反应速度快；

④ 活性位点多，存在副反应，传热效果对反应效果影响较大；

⑤ 常压反应。

#### 5.1.3.2 氯苯硝化连续化工艺设计

(1) 一步法连续化工艺设计（图 5-3）

① 设备选择　非均相液液反应，传质要求高，微通道反应器最佳。设备材质可以选择哈氏合金（HC）、SiC、特殊材料等。

② 进料泵选择　常温液态原料，进料泵选择高压柱塞泵较好。泵头材质选择哈氏合金（HC）、聚四氟乙烯等。

③ 反应方式　多位点进料，混酸经过多个部位进料。

④ 溶剂的使用量要适当增加，避免物料析出堵塞微通道反应器。

⑤ 如果需要延长反应时间，可串联微通道反应器。延时盘管反应器不适用。

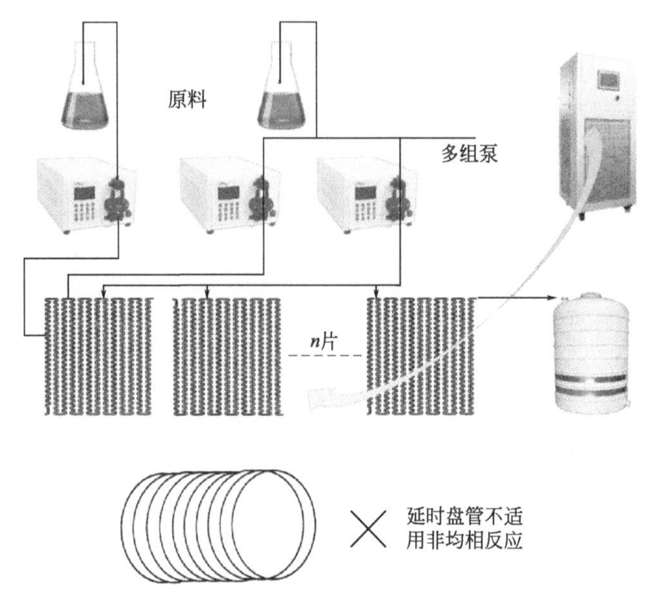


图 5-3 氯苯一步法硝化设备搭建

(2) 两步法连续化工艺设计（图 5-4）

① 设备串联 两步法硝化，可以采取设备串联的方式，两步单独进行，但是中间不需处理。

② 分段控温 两组反应器相连，可以实现分步控温。优点：精确控制温度，减少副反应的发生。

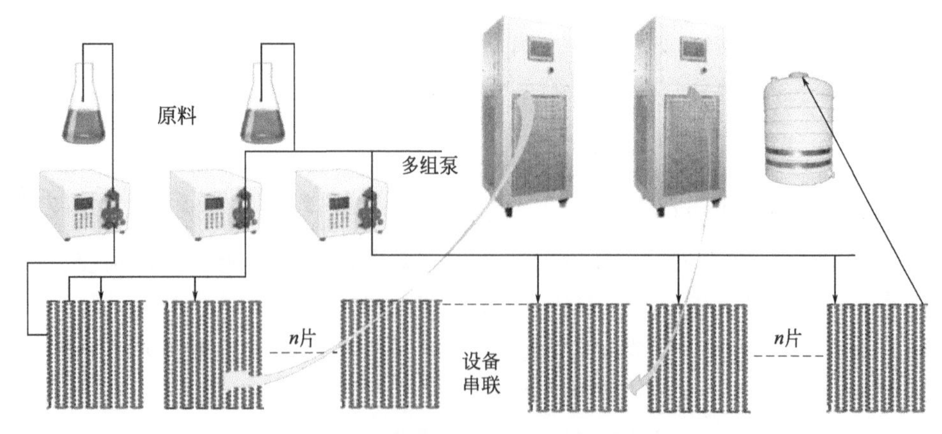


图 5-4 氯苯两步法硝化设备串联搭建

## 5.1.4 高温硝化

市售浓硝酸质量分数约为68%，密度约为1.4g/cm$^3$，沸点为83℃，易挥发，在常温下见光易分解。浓硝酸在0℃下就会慢慢分解，温度升高分解速度明显加快，浓度越高越易分解，分解出的$NO_2$又溶于硝酸，使浓硝酸常呈棕黄色。

$$4HNO_3 = 2H_2O + 4NO_2\uparrow + O_2\uparrow$$

$$3NO_2 + H_2O = 2HNO_3 + NO\uparrow$$

高温硝化是指反应温度超过80℃的硝化反应。温度升高，硝酸分解加快，同时还有硝酸挥发，温度达到86℃时，硝酸气体会被蒸馏出来。硝酸的消耗量增加，产生的大量氮氧化物废气会严重污染环境，威胁人身安全。传统釜式生产中，存在安全隐患大、硝酸消耗量大、酸性废气量大、设备腐蚀严重、使用寿命短、副反应难控制、影响产品品质、生产操作复杂等问题。

咪唑衍生物的硝化、硝化产物的二硝化等，由于硝化难度较大，往往所需的反应温度较高，反应时间较长。高温对于硝化反应来说，是一个不利的反应条件。反应过程中产生气体，气体的存在严重影响混合传质效果和物料反应的停留时间。该类反应的连续化工艺，目前成功的概率较低。微通道硝化工艺基于高效传质、传热的优点，可以向降低温度的方向尝试。温度降低，反应速度随之降低。适当提高硫酸的浓度、硝酸的浓度，延长反应通道，分段控温等方式有助于工艺的开发。

连续化工艺设计（图5-5）：

① 设备选择　微通道反应器。设备材质可以选择哈氏合金（HC）、SiC、特殊材料等。

② 进料泵选择　泵头材质选择哈氏合金（HC）、聚四氟乙烯等。

③ 必须延长反应通道，延长反应时间。抵消气体对反应时间的不利影响。

## 5.1.5 连续化硝化工业化

虽然微通道反应器有良好的传质传热效率，但是硝化反应反应速度快，

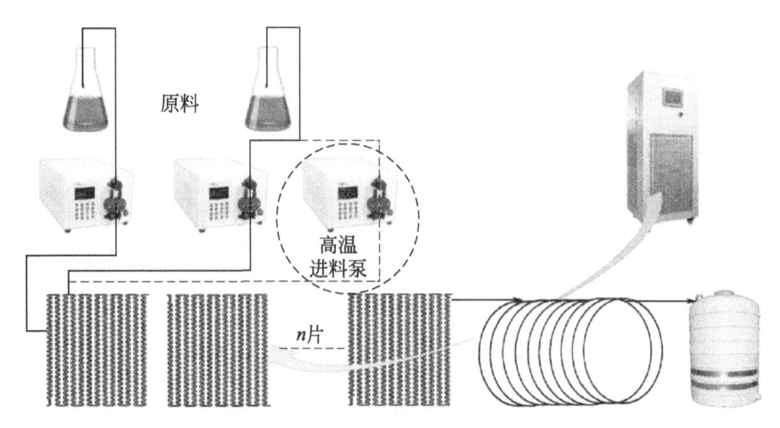


图 5-5 高温硝化微通道反应器设备搭建

反应放热量大。在连续化硝化工业化生产中，会出现局部温升过高的现象。局部温升过高不仅提高了安全隐患，也提高了副反应的发生概率。

为了更加精确地控制温度波动，需要采用以下方法：①多位点进料，分散反应热（图 5-6～图 5-8）；②小通量反应，多组并联，目前单套的硝化工业化微通道反应器的年处理量在 2000～3000t（图 5-9）。

磺化反应和硝化反应类似，对于磺化反应的连续化设计，需要考虑的因素、设备的选择和搭建方式，与硝化反应基本一致。

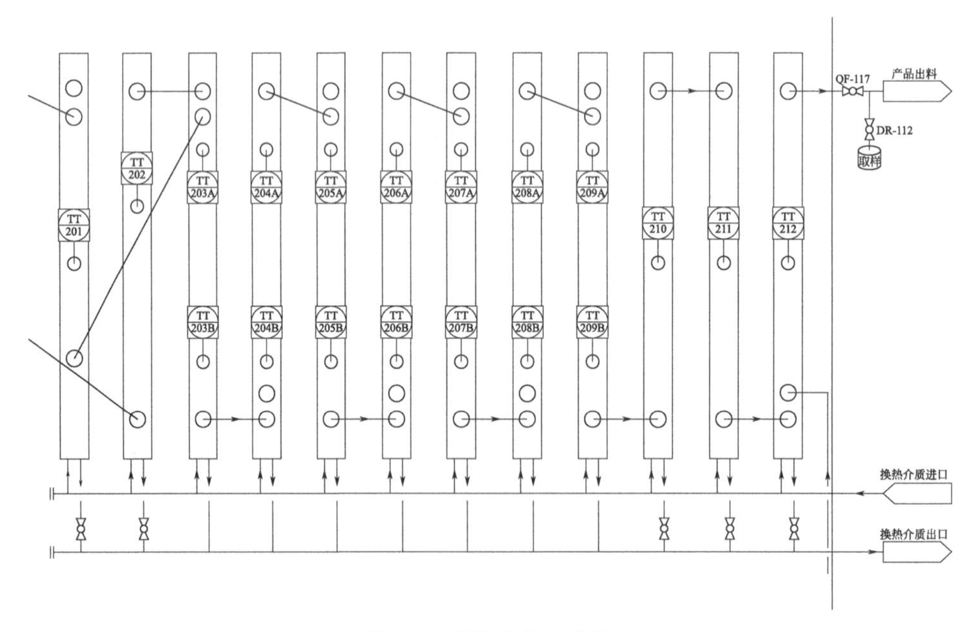


图 5-6 硝化单位点进料

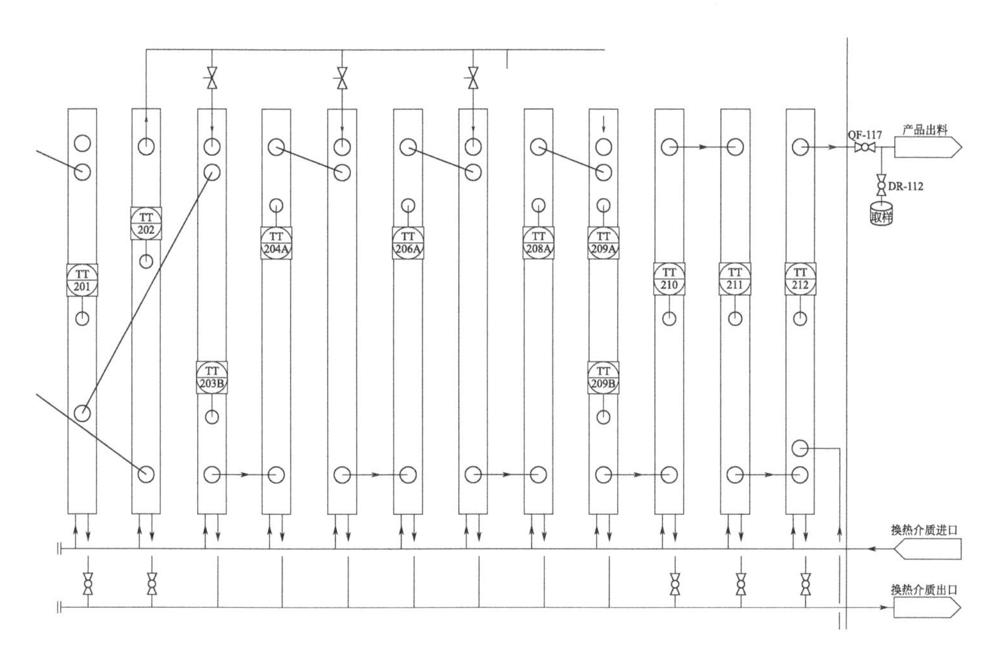


图 5-7　硝化三位点进料

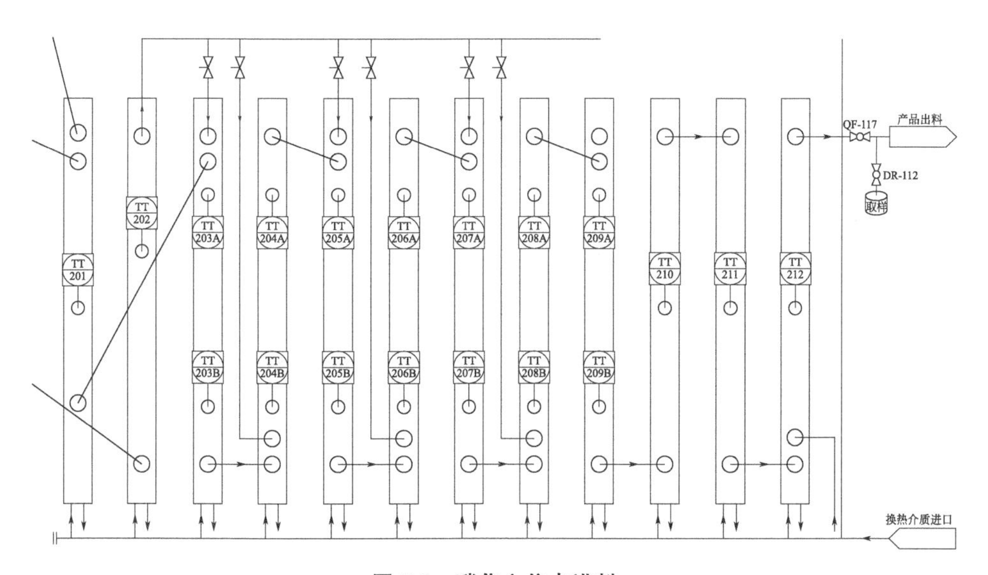


图 5-8　硝化六位点进料

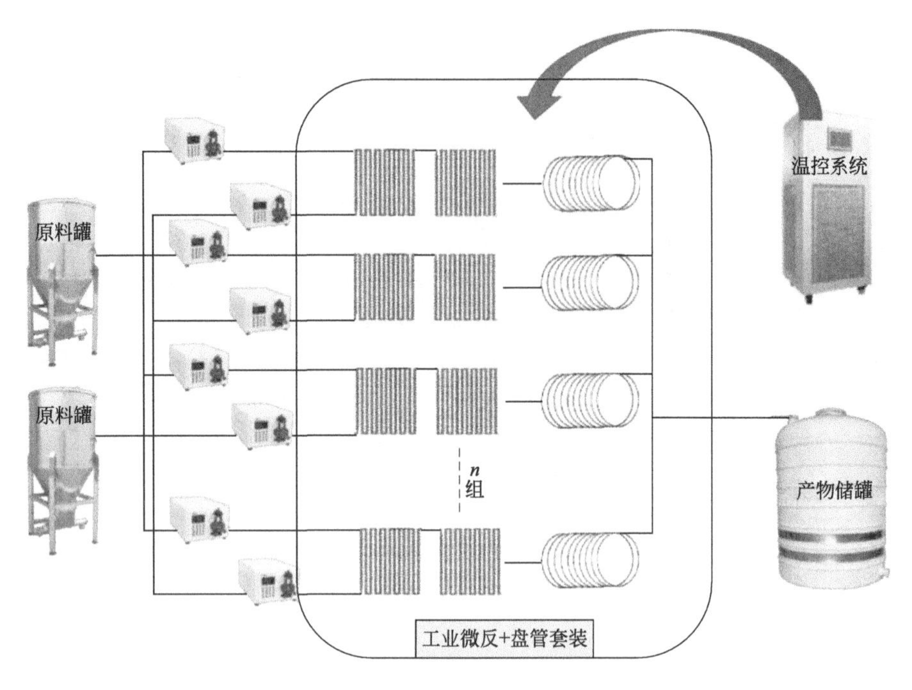


图 5-9 常见硝化工业化微通道套装

# 5.2 $H_2O_2$ 氧化反应

## 5.2.1 $H_2O_2$ 基本性质

$H_2O_2$（过氧化氢）是基本的化工原料之一，水溶液为无色透明液体，纯过氧化氢为淡蓝色的黏稠液体，熔点－0.43℃，沸点 158℃，凝固点时过氧化氢固体的密度为 1.17g/cm$^3$。受热 153℃以上，过氧化氢会猛烈地发生爆炸性分解。许多催化剂如 Pt、Ag、Cr、$MnO_2$、$FeCl_3$、$Na_2CO_3$、NaOH、CuO、$CuSO_4$、过氧化氢酶等都能加速 $H_2O_2$ 分解。其液体和气体对人体皮肤、眼睛和肺部具有腐蚀性。加入稳定剂如微量的锡酸钠（$Na_2SnO_3$）、焦磷酸钠（$Na_4P_2O_7$）或 8-羟基喹啉等，可抑制催化分解作用。

过氧化氢分子中的氧是－1 价，具有还原性和氧化性，因此过氧化氢具有氧化还原性。其氧化还原性强弱在不同的酸、碱和中性条件下有所不同。酸性溶液中氧化反应往往很慢，碱性溶液中氧化反应很快，而水中它的氧化还原性强弱由电位决定。只有遇到高锰酸钾等更强的氧化剂时表现为还原性。使用过氧化氢作为氧化剂，其分解产物为水和二氧化碳，不产生二次污染，是一种绿色氧化剂。

## 5.2.2　$H_2O_2$ 氧化机理

$H_2O_2$ 的主要用途是以它的氧化性为基础的，$H_2O_2$ 是重要的氧化剂、漂白剂、消毒剂和脱氯剂。在化学工业中，广泛用于制取无机或有机过氧化物，如过硼酸钠、过碳酸钠、过氧乙酸、亚氯酸钠、过氧化硫脲等，及环氧化合物。

$H_2O_2$ 的氧化反应包括直接氧化和间接氧化。直接氧化，$H_2O_2$ 作为氧化剂，在酸性或碱性条件下直接氧化化合物。如烯烃环氧化，碱性条件下选择性氧化 $\alpha,\beta$-不饱和醛和酮的双键生成环氧化物，是制备环氧化物的常用方法。当有酸或催化剂存在时，$H_2O_2$ 可氧化硫醚成砜。

间接氧化，$H_2O_2$ 作为氧化剂，可以氧化媒介化合物为过氧化物，过氧化物再氧化目标化合物。常用的过氧酸有过氧苯甲酸、单过氧邻苯二甲酸、过氧甲酸、过氧乙酸、三氟过氧乙酸和间氯过氧苯甲酸（较稳定）等。

## 5.2.3　$H_2O_2$ 氧化反应连续化设计

### 5.2.3.1　$H_2O_2$ 直接氧化

异佛尔酮主要用于农药、涂料和罐头涂层等领域，由3分子丙酮聚合而得。$H_2O_2$ 在 NaOH-$CH_3OH$ 溶液中氧化异佛尔酮，生成异佛尔酮环氧化合物。反应所需试剂及性质如表5-3所示。

$$\xrightarrow[15\sim20^{\circ}C]{H_2O_2/NaOH/CH_3OH}$$

表 5-3 异佛尔酮环氧化所需试剂及性质

| 序号 | 试剂名称 | CAS登录号 | 分子式 | 熔点/℃ | 沸点/℃ | 密度/(g/cm³) | 性质 | 常温状态 |
|---|---|---|---|---|---|---|---|---|
| 1 | 异佛尔酮 | 78-59-1 | $C_9H_{14}O$ | −8 | 213 | 0.923 | 无色低挥发性液体，有樟脑气味，易燃 | 液态 |
| 2 | $H_2O_2$ | 7722-84-1 | $H_2O_2$ | −0.43 | 158 | 1.13 | 腐蚀、易分解 | 液态 |
| 3 | NaOH | 1310-73-2 | NaOH | 318.4 | 1390 | 2.130 | 腐蚀 | 片状或颗粒 |
| 4 | MeOH | 67-56-1 | MeOH | −97 | 64.7 | 0.7918 | 易燃 | 无色液体 |

(1) 连续化工艺设计

① 设备选择 均相液液反应，可选设备较多，如微通道反应器、微混合反应器等（图 5-10、图 5-11）。

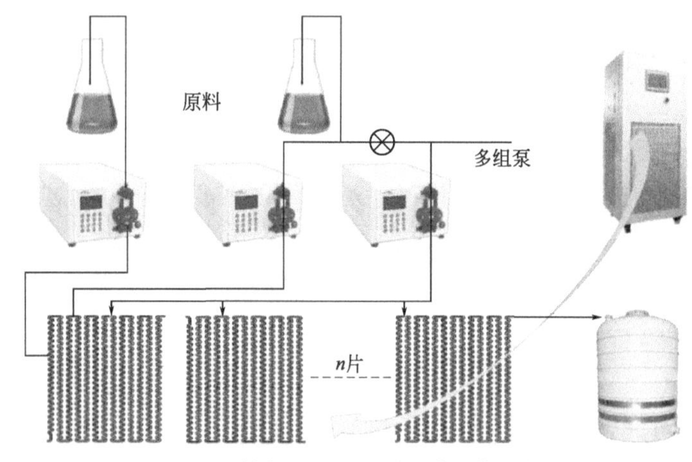


图 5-10 异佛尔酮环氧化微通道工艺设备套装

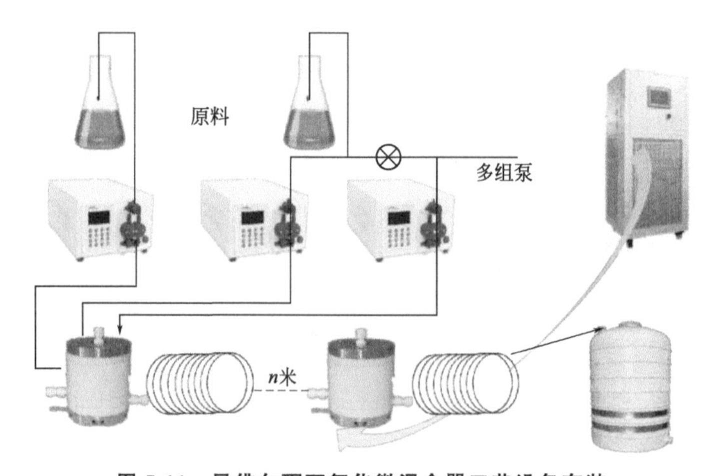


图 5-11 异佛尔酮环氧化微混合器工艺设备套装

② 设备材质选择 $H_2O_2$ 氧化性强，对于很多金属材料有腐蚀性，碳钢、不锈钢不适用，可以选择哈氏合金（HC）、SiC、特殊材料等。

③ 进料泵选择 进料泵选择高压柱塞泵较好。泵头材质选择哈氏合金（HC）、聚四氟乙烯等。

(2) 连续流工艺的难点

① $H_2O_2$ 的体积用量较小，物料的体积配比较大。对于进料泵的精度要求较高。

② $H_2O_2$ 易分解，如果室温较高，在高压柱塞泵的单向阀中，可能会产生气泡，气泡的产生会影响进料泵的精度。如果泵出口压力大，甚至会出现无法进料的情况。

(3) 操作技巧

① $H_2O_2$ 采用溶剂稀释，增大体积，减小体积配比。

② $H_2O_2$ 原料进行降温，进料泵进行降温，减少分解。

#### 5.2.3.2 $H_2O_2$ 间接氧化

以一工业生产的化合物为例，出于技术保密，反应物以R代替。

(1) 釜式生产过程

清洁釜内后，加入35%双氧水，开冰盐水降温到5℃。控制温度≤10℃，缓慢滴加98%浓硫酸，特别是开始滴加阶段放热量很大，需要均匀慢速滴加，控制滴加时间，4～5h滴加结束。再控制温度≤15℃，加入甲醇，约0.5h加完。

然后开夹套冰盐水，冷却至0℃左右，开始缓慢滴加R甲苯溶液，开始滴加的0.5h，反应十分剧烈而放热量很大，控制温度在15～25℃。滴加结束，控制温度在20～25℃反应15h。反应结束，静置分层，水层再用甲苯萃取2次。合并有机层，搅拌下滴加5%亚硫酸钠溶液，至用淀粉-碘化钾试纸检测水层不变色。上层有机层再加入蒸馏水，搅拌，静置分层，水洗。水洗后60℃以下精馏，脱去甲苯，取样测气相，计算收率。所需试剂及性质如表5-4所示。

**表5-4 所需试剂及性质**

| 试剂名称 | CAS登录号 | 分子式 | 熔点/沸点 | 状态性质 | 功能 |
|---|---|---|---|---|---|
| 双氧水 | 7722-84-1 | $H_2O_2$ | −0.43℃/158℃ | 强氧化剂，无色透明液体，溶于水、醇、乙醚，不溶于苯、石油醚 | 氧化剂 |

续表

| 试剂名称 | CAS登录号 | 分子式 | 熔点/沸点 | 状态性质 | 功能 |
| --- | --- | --- | --- | --- | --- |
| 浓硫酸 | 7664-93-9 | $H_2SO_4$ | 10℃/338℃ | 常用的浓硫酸中 $H_2SO_4$ 的质量分数为 98.3%，具有脱水性、难挥发性、酸性、吸水性等 | 助氧化剂 |
| 甲醇 | 67-56-1 | $CH_3OH$ | −97℃/64.7℃ | 无色透明液体，有刺激性气味。溶于水，可混溶于醇类、乙醚等多数有机溶剂 | 水油两相助溶剂 |
| 甲苯 | 108-88-3 | $C_7H_8$ | −94.9℃/110.6℃ | 能与乙醇、乙醚、丙酮、氯仿、二硫化碳和冰乙酸混溶，极微溶于水 | 有机相溶剂 |
| 亚硫酸钠 | 7757-83-7 | $Na_2SO_3$ | 150℃/— | 易溶于水 | 还原剂 |
| 淀粉-碘化钾试纸 | 待测物质的氧化性需大于单质碘才会起作用，如双氧水、次氯酸钠、氯气、亚硝酸等，可以从碘化钾中置换出碘，与淀粉作用而呈蓝色。不宜在温度超过 40℃的环境下使用，因为碘-淀粉混合物可在此环境下分解，而蓝色会消失 | | | | 氧化性检测试纸 |

(2) 反应过程

① 氧化剂配制过程　浓硫酸的氧化性比双氧水强得多，双氧水只能氧化比其氧化性弱的物质，浓硫酸与双氧水是不会反应的。浓硫酸加入到双氧水中，会有气泡（氧气）产生，这是因为浓硫酸溶于水放热使不稳定的双氧水分解。

$$HO—OH \xrightarrow{\triangle} H—OH + O_2\uparrow$$

伴随着稀释，浓硫酸变成了稀硫酸。稀硫酸与双氧水可发生反应，生成过氧单硫酸（$H_2SO_5$）。

$$HO—S(=O)_2—OH + HO—OH \rightleftharpoons HO—S(=O)_2—O—OH + H—OH$$

过氧单硫酸（$H_2SO_5$）熔点 45℃，加热爆炸分解，溶于硫酸、磷酸、冰醋酸。因含有过氧根而具有强氧化性，与芳香化合物（如苯、酚、苯胺）相混爆炸。在水中缓慢水解为硫酸与过氧化氢。纯的过氧单硫酸也叫高浓度矾氧混化剂（VF），由三氧化硫固体与 100%的无水过氧化氢反应制得，酸性、氧化性都比硝酸强，与金（Au）反应很剧烈。

② 氧化反应　氧化反应过程，硫酸作为催化剂，促进氧化反应。

$$HO—OH + R \longrightarrow H—OH + R—O$$

$$HO—\overset{\overset{O}{\|}}{\underset{\underset{O}{\|}}{S}}—O—OH + R \longrightarrow HO—\overset{\overset{O}{\|}}{\underset{\underset{O}{\|}}{S}}—OH + R—O$$

③ 后处理　采用5%亚硫酸钠溶液还原，除去过量$H_2O_2$，采用淀粉-碘化钾试纸检测。水油分层，水相萃取，有机相回收。

$$HO—OH+I^- \longrightarrow H—OH+I_2$$

④ 水洗、干燥、精馏。

(3) 连续化工艺设计（图5-12）

① 氧化剂配制过程　关键点在于温度的控制，以减少双氧水的分解与损失。传统的方式为机械搅拌釜，盐水夹套换热，浓硫酸缓慢滴加。新思路：可以转变为换热器式混合装置，如微通道反应器。微通道反应器换热效率远高于搅拌釜，可以实现精确控温、低温控温、连续化生产、密闭式生产、自动化生产，也方便与反应过程串联。

② 氧化反应过程　微通道设备串联，氧化剂配制后直接进入微通道氧化反应器。原料可以采用进料泵进料，根据换热情况，也可以采取单位点进料或者多位点进料。反应器末端可以选用在线检测装置。

③ 有机相分离　可以采用连续分液器，有机层进入储罐，水层进行甲苯连续离心萃取。

④ 氧化剂去除　进行微通道还原反应，进料泵输送物料，出料口可加装在线检测装置（待进一步研究）。

⑤ 水洗　可以采用连续离心萃取，进行水洗。

⑥ 干燥　可以采用连续干燥器。

⑦ 溶剂蒸发　可采用溶剂蒸发器。溶剂回收重复使用。

# 5.3 Pd/C催化加氢反应

## 5.3.1 加氢工艺简介

工业生产中，催化加氢工艺属于高危工艺。$H_2$易燃易爆，而催化加氢

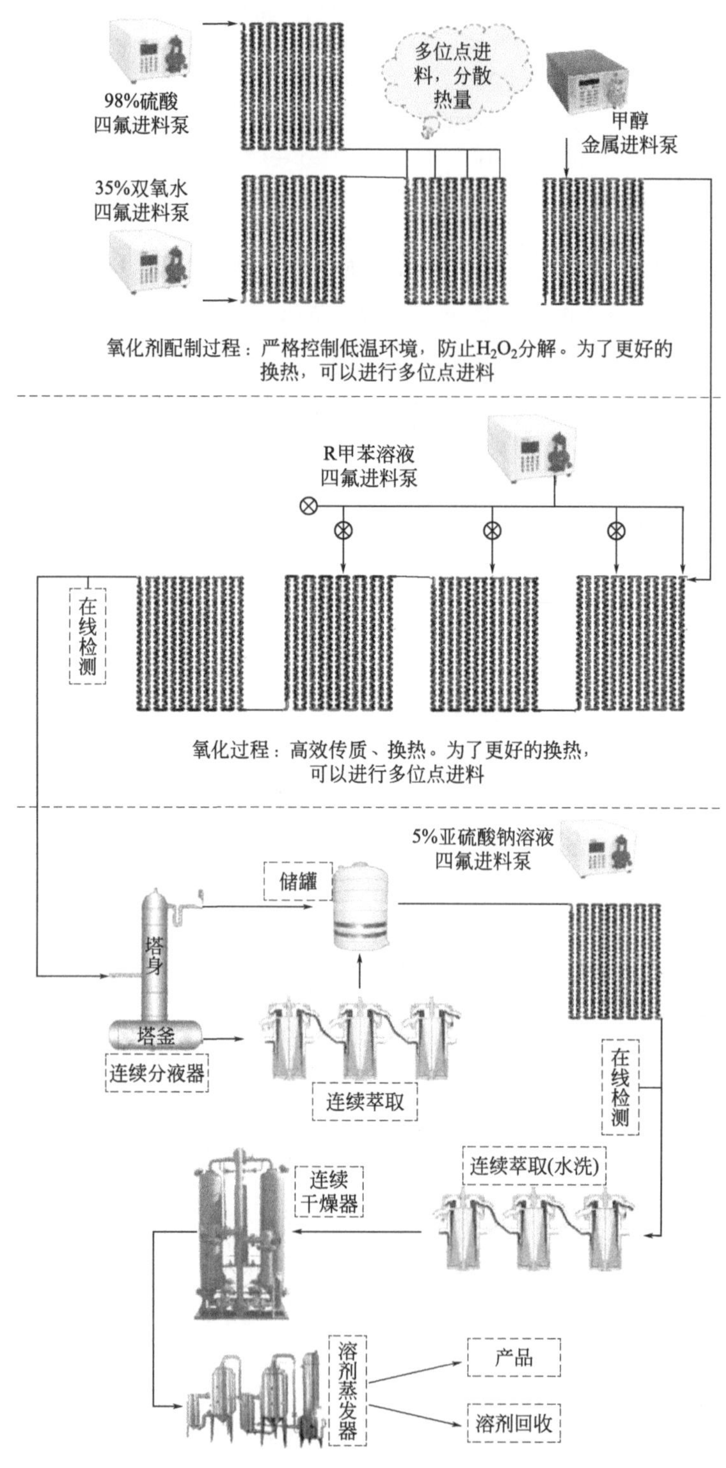


图 5-12 $H_2O_2$ 间接氧化微通道工业化设计

往往在高压下进行。催化加氢的生产对设备、工艺、安全、人员的要求非常高。

催化加氢反应主要涉及两类反应过程：一是除去氧、硫、氮及金属等少量杂质的加氢处理反应；二是烃类加氢反应。

(1) 加氢处理反应

① 加氢脱硫反应（HDS） 石油馏分中的硫化物主要有硫醇、硫醚、二硫化合物及杂环硫化物，在加氢条件下发生氢解反应，生成烃和 $H_2S$。

② 加氢脱氮反应（HDN） 石油馏分中的氮化物主要是杂环氮化物和少量的脂肪胺或芳香胺。在加氢条件下，反应生成烃和 $NH_3$。

③ 加氢脱氧反应（HDO） 石油馏分中的含氧化合物主要是环烷酸及少量的酚、脂肪酸、醛、醚和酮。含氧化合物在加氢条件下通过氢解生成烃和 $H_2O$。

④ 加氢脱金属反应（HDM） 石油馏分中的金属主要有镍、钒、铁、钙等，主要存在于重质馏分，尤其是渣油中。在 $H_2/H_2S$ 存在条件下，转化为金属硫化物沉积在催化剂表面上。

(2) 烃类加氢反应

① 烷烃加氢反应 烷烃在加氢条件下进行的反应主要有加氢裂化和异构化反应。烷烃在催化加氢条件下进行的反应遵循正碳离子反应机理，生成的正碳离子在 $\beta$ 位上发生断键，因此，气体产品中富含 $C_3$ 和 $C_4$。

$$R^1—R^2+H_2 \longrightarrow R^1H+R^2H$$

② 环烷烃加氢反应 环烷烃在加氢裂化催化剂上的反应主要是脱烷基、异构和开环反应。

③ 芳香烃加氢反应 烷基苯加氢裂化反应主要有脱烷基、烷基转移、异构化、环化等反应，使得产品具有多样性。$C_1 \sim C_4$ 侧链烷基苯的加氢裂化，以脱烷基反应为主反应，异构化和烷基转移为次反应，分别生成苯、侧链异构程度不同的烷基苯和二烷基苯。

④ 烯烃加氢反应 烯烃在加氢条件下主要发生加氢饱和及异构化反应。这两类反应都有利于提高产品的质量。

$$R—CH═CH_2+H_2 \longrightarrow R—CH_2—CH_3$$

$$R—CH═CH—CH═CH_2+2H_2 \longrightarrow R—CH_2—CH_2—CH_2—CH_3$$

## 5.3.2 微通道催化加氢工艺

Pd/C是工业催化加氢最常用的催化剂。对于很多反应来说，釜式Pd/C催化生产工艺已经非常成熟。将釜式Pd/C催化工艺改为微通道连续化工艺（图5-13）有个致命的难题，即固体颗粒问题。

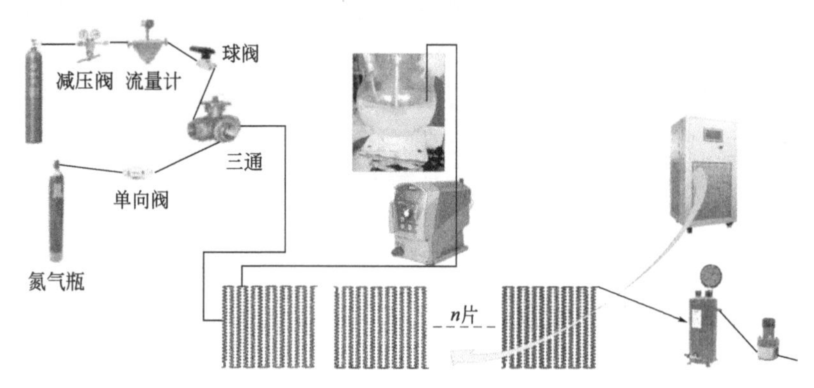


**图5-13 Pd/C催化加氢微通道设备套装**

微通道Pd/C催化加氢工艺，对催化剂有两个要求：①Pd/C颗粒粒径>200目；②体系中Pd/C质量含量<5%。

Pd/C催化剂的输送：催化加氢反应为背压反应，对于泵的要求是既能输送固体颗粒，又能承受压力。常被选择的泵为电磁隔膜泵。

设备冲洗：Pd/C催化剂为固体颗粒，密度大，在特殊结构的微通道中流动，肯定会有少量沉降，加上时间积累，会导致设备堵塞。常用的操作技巧是间断性清洗，如连续运行10h，更换溶剂大流速冲洗20min。

体系背压：采用背压阀+气液分离罐的方式，比较实用。物料不通过背压阀，只有气体通过背压阀，背压阀的稳定性和使用寿命可以得到保证。

微通道反应器的使用过程中，压力的调节是非常关键的。压力升高有两方面的促进作用：①根据动力学原理，压力升高，提升反应速度；②压力升高，气体体积压缩，气液体积比减小，有利于提升气液混合效率。

微通道Pd/C催化加氢工艺有比较大的难度，主要因素包括两个方面：

(1) 微通道反应器对固体颗粒的适应性

① 微通道存在堵塞隐患；

② 小颗粒Pd/C催化剂的回收难度大。

(2) 气液非均相反应问题

① 气液反应传质阻力大，单一微通道设备，不能保障良好的气液分散。在理论摩尔比条件下，气体的体积比液体的体积大很多倍。气液在微通道中流动的过程中，气体占据大部分空间，液体占据小部分空间。气液的界面混合效率不高，传质阻力较大。

② 气体的体积大，严重缩短液态物料的反应时间。

③ 工业化放大难度大，放大效应非常大。合适的选择是微型设备并联。

## 5.3.3 固定床催化加氢工艺

以如下反应为例，固定床催化加氢工艺如图 5-14 所示。

$$\text{R-C}_6\text{H}_4\text{-CHO} + NH_3 \xrightarrow[H_2]{MeOH} (\text{R-C}_6\text{H}_4\text{CH}_2)_2\text{NH} + \text{R-C}_6\text{H}_4\text{CH=NH} + \text{R-C}_6\text{H}_4\text{CH}_2\text{NH}_2$$

反应设备选用催化加氢固定床（容积 300mL，四位点温控），三股进料。苯甲醛、氨甲醇溶液分别采用高压柱塞泵进料；氢气通过流量计控制进料。物料配比：苯甲醛∶氨甲醇＝1∶0.5；反应温度：120℃；反应压力：4.0MPa。样品气相检测结果，主产物含量 88.33%。

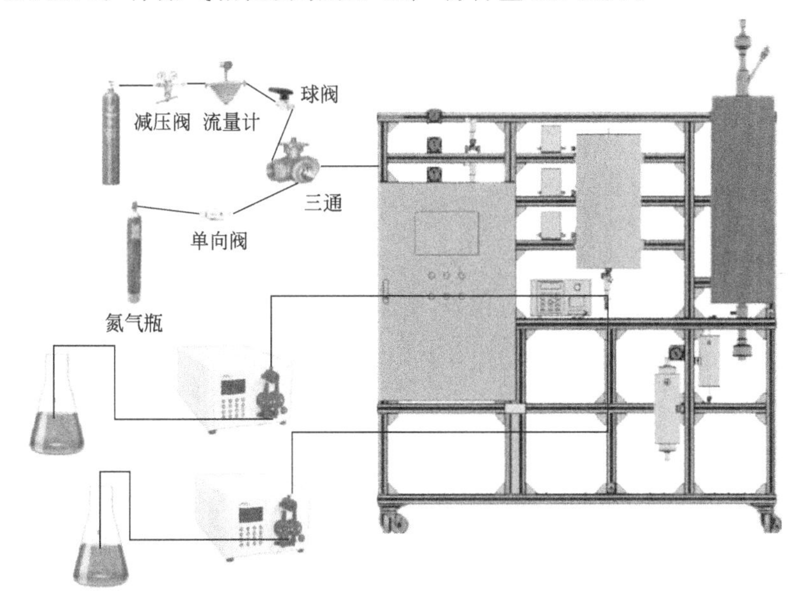


**图 5-14　固定床催化加氢设备套装**

# 5.4 傅克烷基化反应

## 5.4.1 傅克烷基化反应简介

傅克烷基化反应在化学发展史上是最为古老的化学反应之一。1869 年德国化学家 Zincke 首次报道了在苯环上引入烷基的反应，苄氯和苯在铜粉催化下得到了二苯甲烷，并有大量的氯化氢产生。傅克烷基化反应自从被发现以来，在学术和工业领域上迅速成为有机合成的基础反应。傅克烷基化反应是实现碳碳成键的最有效方式之一，在制备芳基酮、杂环芳烃酮的生产中是主要的工艺方法，在医药、农药、染料、香料等工业生产中具有非常重要的地位。

一般认为傅克烷基化反应的反应机理与磺化、硝化反应类似，首先在催化剂的作用下产生烷基碳正离子，它作为亲核试剂向苯环进攻，苯环形成碳正离子，然后失去一个质子生成烷基苯。氯化铁作为催化剂的理论过程如下：卤代烷 R—Cl 和催化剂 $FeCl_3$ 生成一个络合物 R—Cl · $FeCl_3$，使卤原子和烷基之间的键变弱，然后成为 $R^+$ 及 $FeCl_4^-$ 离子。$R^+$ 与苯环结合，苯环上形成碳正离子；$FeCl_4^-$ 夺取一个质子，生成烷基苯。

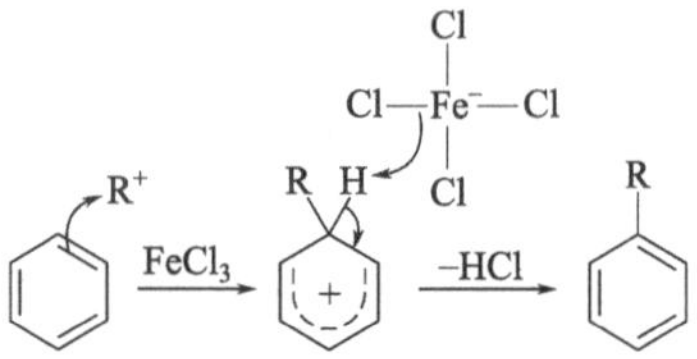

傅克烷基化反应使用的催化剂包括路易斯酸（如 $ZnCl_2$、$AlCl_3$、$FeCl_3$、$TiCl_4$ 等）和强质子酸（如 HF、$H_2SO_4$ 等）。现在常用催化剂的催化活性顺序大致如下：$AlCl_3 > FeCl_3 > SbCl_3 > BF_3 > TiCl_4 > ZnCl_2$。

反应结束后，路易斯酸与产物以配合物形式存在，经过水洗工艺，催化剂会变成无机碱废弃物，催化剂不能重复使用，处理困难，易造成环境的污染。

傅克烷基化反应存在多种副反应：①由于烷基侧链的供电性，反应产物比原料具有更高的亲核性，过烷基化不容易控制；②傅克烷基化反应是可逆反应，烷基可以被其他基团取代，生成副产物（如傅克脱烷基化反应）；③反应时间过长，会发生碳正离子重排反应和异构化反应。

工业生产存在的问题有如下几点：

① 釜式技术落后，传热、传质效率低，反应时间长，生产效率低。

② 副产物多，影响纯化难度和产品品质。

③ 釜式生产装置，敞开式设计，废气泄漏易造成环境污染。

④ 酸性废气易导致设备腐蚀，维护成本高。

## 5.4.2 傅克烷基化反应连续化设计

(1) 傅克烷基化反应特点

① 固液反应，催化剂一般为固体颗粒状态；

② 有腐蚀性气体产生，会携带原料挥发。

(2) 连续化工艺设计思路

对于固体参与的反应，连续流设备中动态管式反应器是最佳之选。传统的串联釜式反应器也可以作为一个选择，但在安全保障方面的局限性影响了其应用范围。

动态管式反应器是结合了流体模拟、机械设计、精密加工、密封技术、化学腐蚀等多学科技术的设备，它具有高效换热、高效传质、动态连续、微返混等多种优势。动态管式反应器中，高分布的搅拌棒具有高效搅拌和剪切功能；配备了控制电柜，具有安全防护、温度监控、压力监控、压力智能调节等功能。可以实现化学反应的精细化控制、连续化控制、密闭式控制。动态管式反应器适用于有黏稠液体、固体参与或生成的反应，具有非常广阔的应用前景。

## 5.4.3 傅克烷基化反应实例

$$\text{间二乙苯} + (CH_3)_3CCl \xrightarrow[\text{DCE}]{AlCl_3} \text{产物}$$

(1) 反应简介

原料为间二乙苯、叔丁基氯、三氯化铝、二氯乙烷（DCE）。

(2) 工业生产条件

间歇釜式生产，常压，10～15℃，叔丁基氯批量添加，目标产物收率达到75～84%。

(3) 连续化工艺（图5-15）

原料间二乙基苯、叔丁基氯通过高压柱塞泵输送，催化剂$AlCl_3$+DCE，持续搅拌下通过蠕动泵输送。动态管式反应器，内外双换热，提前预热，反应温度控制在10～50℃，搅拌转速控制在200～400r/min。反应器内停留时间15～40min。反应有大量酸性气体产生，采用气液分离的方式，导入尾气吸收罐。取样口收集样品，进行水洗，分液取有机相，无水氯化钙干燥。产物进行气相色谱分析。

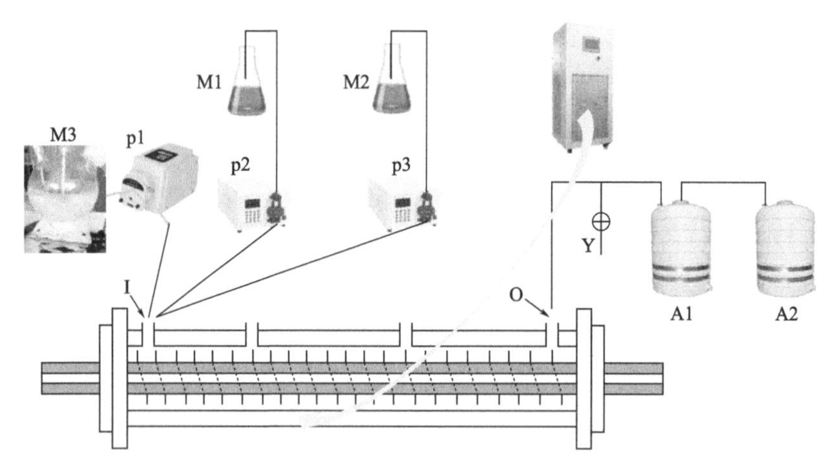


图5-15 傅克烷基化连续化设备套装

# 5.5 傅克酰基化反应

## 5.5.1 傅克酰基化反应简介

傅克酰基化反应的机理和烷基化反应是类似的，也是催化剂的作用下，首先生成酰基正离子，然后和芳环发生亲电取代。常用的酰基化试剂是酰卤和酸酐。酰卤的反应活性顺序为RCOI>RCOBr>RCOCl>RCOF，常用的催化剂是$AlCl_3$。

由于 $AlCl_3$ 能与羰基络合，酰基化反应的催化剂用量比烷基化反应多，含一个羰基的酰卤为酰基化试剂时，催化剂用量多于1mol，反应时，酰卤先与催化剂生产络合物，少许过量的催化剂再发生催化作用使反应进行。

反应机理：第一步是在路易斯酸的催化作用下，酰卤解离形成酰基碳正离子；第二步是芳环亲电试剂进攻酰基碳正离子；最后一步，电荷转移至卤原子，而 $AlCl_3$ 催化剂重新形成。

与烷基化反应类似，有间位定位基的芳烃极难发生傅克反应，因此在强酸性条件下苯胺的傅克烷基化反应很难进行，因为氨基会与酸成盐而转化为间位定位基，为此可通过乙酰化将氨基保护起来，反应结束后，再水解除去乙酰基。

酰化反应比起烷基化反应具有一定的优势：由于羰基的吸电子效应的影响（钝化基团），反应产物（酮）通常不会像烷基化产物一样继续多重酰化。而且该反应不存在碳正离子重排，这是由于酰基正离子可以共振到氧原子上从而稳定碳离子（不同于烷基化形成的烷基碳正离子，正电荷非常容易重排到取代基较多的碳原子上）。生成的酰基可以通过克莱门森还原反应、沃尔夫-凯惜纳-黄鸣龙还原反应或者催化氢化等反应转化为烷基。傅克酰基化反应的成功与否取决于酰卤试剂的稳定性强弱。如甲酰氯就由于不稳定而不能进行傅克酰基化反应，因此合成苯甲醛就需要其他的方法，如通过Gattermann-Koch反应，在 $AlCl_3$ 和CuCl的催化下，通过苯、一氧化碳与氯化氢在高压当中合成。

## 5.5.2 傅克酰基化反应连续化设计

(1) 傅克酰基化反应特点

① 固液反应，催化剂一般为固体颗粒状态；

② 可以转变为液液反应，如催化剂 $AlCl_3$ 可以先和酰氯络合，溶于溶剂之中；

③ 有腐蚀性气体产生，会携带原料挥发；

(2) 连续化工艺设计思路

① 催化剂以固体进料，动态管式反应器较适用。动态管式反应器适用于有黏稠液体、固体参与或生成的反应。

② 催化剂先络合以液体进料（图5-16），动态管式反应器、微通道反应器、微混合器等均适用。

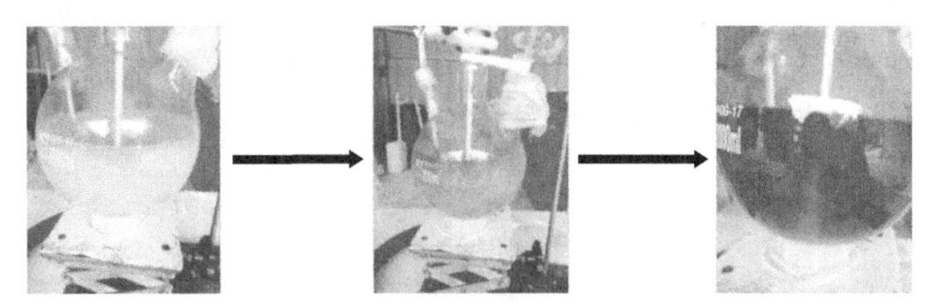

图 5-16 酰氯与 $AlCl_3$ 络合

## 5.5.3 傅克酰基化反应实例

$R^1$, $R^2$, $R^3$ 取代苯 + 乙酰氯 $\xrightarrow[10\sim25^\circ C]{AlCl_3,DCE}$ 产物

(1) 反应简介

实验原料：$AlCl_3$、DCE、乙酰氯、反应物。

(2) 工业生产条件

15℃下，反应釜中滴加乙酰氯并保温 4h，反应收率在 75%～85%。

(3) 连续化方案一（图 5-17）

$AlCl_3$ 以固体颗粒状态进料，设备搭建、反应操作、工业模式与傅克烷基化连续化工艺相同。

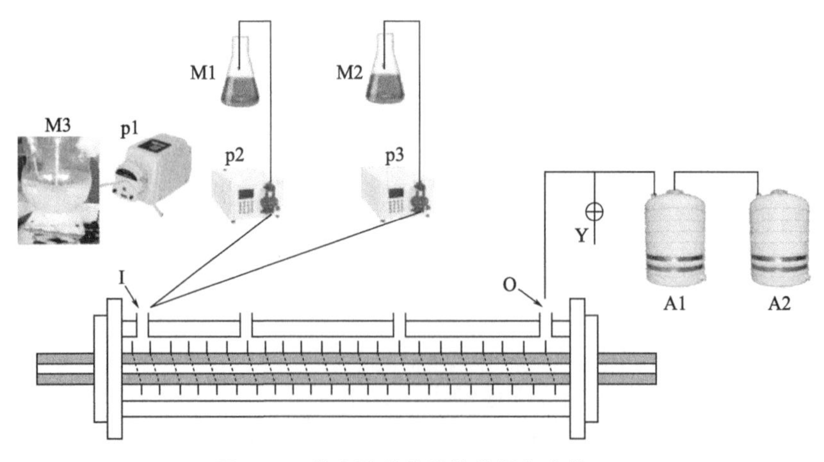


图 5-17 傅克酰基化连续化设备套装 A

(4) 连续化方案二 (图 5-18)

$AlCl_3$ 与乙酰氯先进行络合反应，制备液态的络合试剂，以液体状态进料，进料泵可以选择高压柱塞泵、蠕动泵、隔膜泵等。

方案二与方案一相比，反应效果基本一致，但在设备操作、实验控制、物料配比等方面有更大的优势。

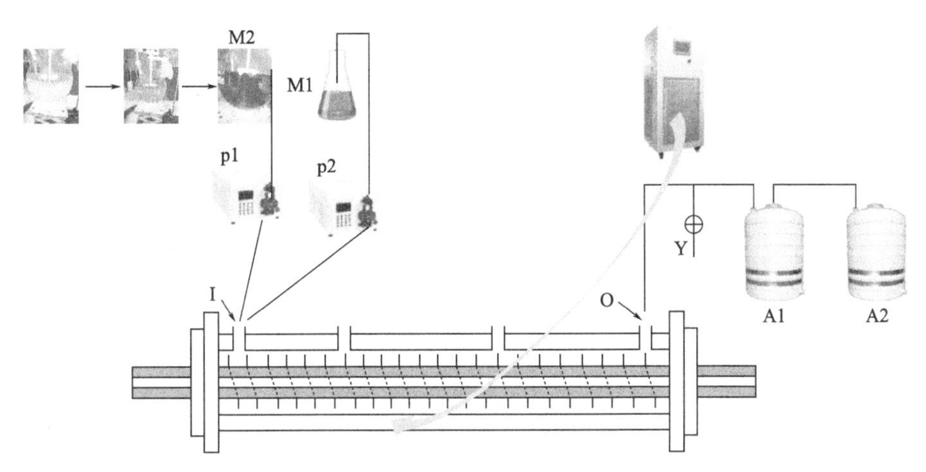


图 5-18 傅克酰基化连续化设备套装 B

(5) 连续化方案三 (图 5-19)

采用立式动态管式反应器。

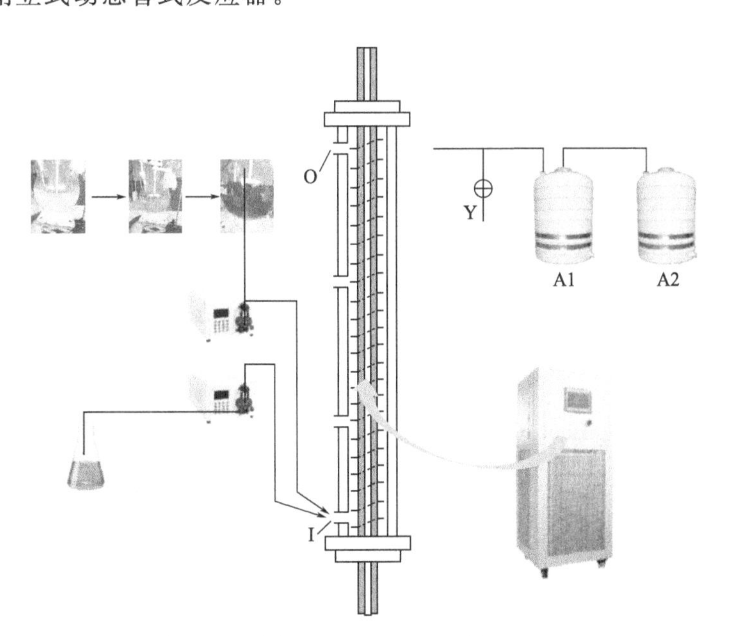


图 5-19 傅克酰基化连续化设备套装 C

(6) 连续化方案四（图 5-20）

采用微通道反应器或微混合反应器。

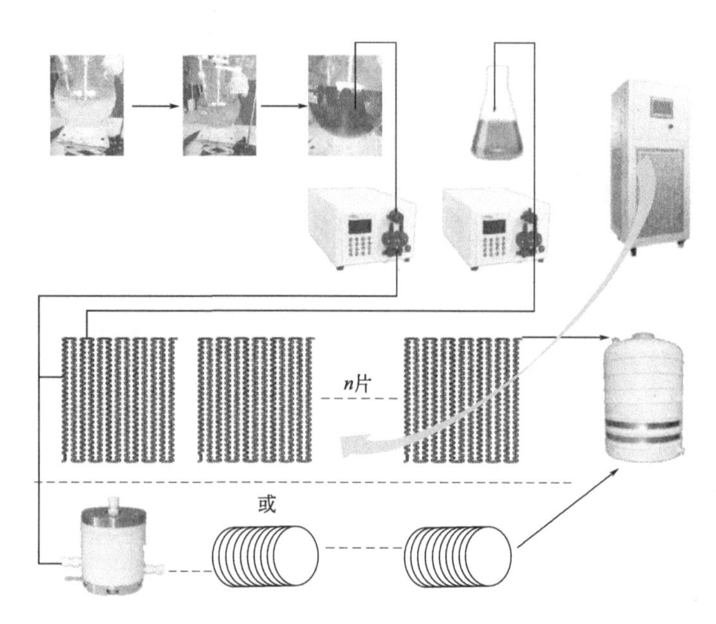


图 5-20　傅克酰基化连续化设备套装 D

# 5.6　氧化反应

## 5.6.1　$O_2$ 氧化反应简介

氧化反应的类型主要包括以下几种：

① 化学氧化反应　在化学氧化剂的直接作用下完成的氧化反应，氧化剂有 $KMnO_4$、$K_2Cr_2O_7$、$H_2O_2$、异丙醇铝、过氧酸等。

② 催化氧化　在催化剂存在下，使用空气或氧气实现的氧化反应。

③ 生物氧化　在微生物作用下进行的氧化反应。

氧气是一种超强的助燃剂、氧化剂，很容易与几乎所有其他元素形成化合物。氧的非金属性和电负性仅次于氟，除了氦、氖、氩、氪，大多元素都能与氧起反应。

实验证明，除金外的大多金属都能和氧发生反应生成金属氧化物，比如铂在高温下在纯氧中被氧化生成二氧化铂，金一般不能和氧发生反应，但是有三氧化二金和氢氧化金等化合物；氧气不能和氯、溴、碘发生反应，但是臭氧可以发生反应。

化工生产釜式氧化反应工艺中，化学原料、有机溶剂等都是可燃性物质，在氧化过程中有燃烧爆炸风险，氧化工艺属于危险工艺。为了降低工艺风险，常采用空气氧化法，降低氧气浓度，延长反应时间，降低安全风险。空气氧化包括气液非均相氧化、气液固非均相氧化。气体的分散效率影响反应的传质效率和反应速度。釜式生产中，通常采用微孔鼓泡法。

## 5.6.2　$O_2$ 氧化反应连续化设计

(1) $O_2$ 氧化反应特点

①非均相反应，气液传质阻力大；

②易燃易爆，安全隐患大，工业生产常使用空气；

③气体与液体体积配比较大；

④压力对反应效果影响明显。

(2) 连续化工艺设计

① 微通道反应器方案（图 5-21）　$O_2$ 氧化反应与 $H_2$ 参与的催化加氢反应相似。气体饱和蒸气压较高，不易压缩液化，只能通过升压的方式，将气体体积压缩，以优化气液体积配比。背压阀＋气液分离罐的方式，比较实用。物料不通过背压阀，只有气体通过背压阀，背压阀的稳定性和使用寿命可以得到保证。

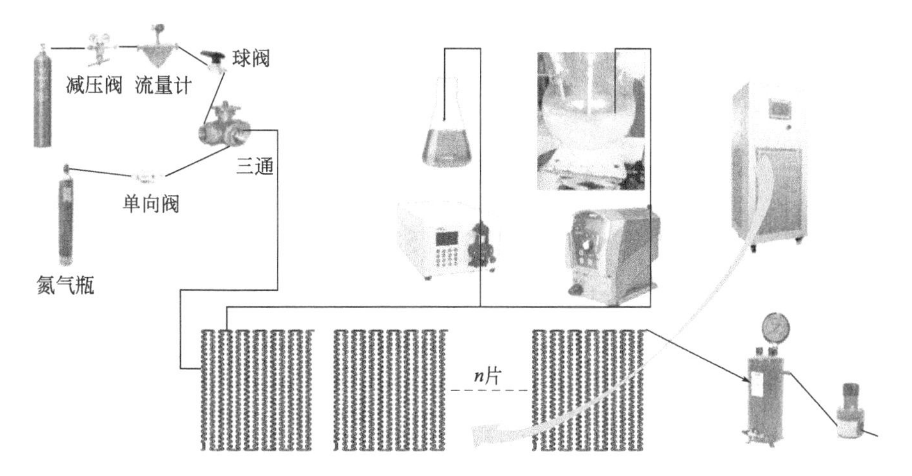


图 5-21　$O_2$ 氧化微通道工艺设备套装

气体通过钢瓶、减压阀和气体质量流量计套装来定量输送，液态原料通过高压柱塞泵进行定量输送。如果有固体催化剂参与，固体催化剂需要分散在液态原料当中，并且对固体颗粒的粒径有要求，一般颗粒粒径＞200目，质量含量＜5%。分散好的固体浆料，可以采用隔膜泵进行输送。

技术难点：

a.气液反应传质阻力大，单一微通道设备很难保障良好的气液分散。在理论摩尔比条件下，气体的体积比液体的体积大很多倍。气液在微通道中流动的过程中，气体占据大部分空间，液体占据小部分空间，原料的流动易处在泡状流和弹状流状态，气液的界面混合效率不高。

b.气体的体积大，会严重缩短反应的停留时间。

c.多数反应需要添加固体催化剂，有堵塞风险。

d.工业化放大难度较大，气液反应的放大效应会比较明显。如果采用小试设备并联的方式，设备的投资和占地面积又会比较大。

② 固定床反应器方案（图 5-22） 固定床氧化反应和固定床催化加氢反应相似，关键在于氧化催化剂的固定，催化剂技术的发展，可以协助实现。氧化催化剂通过定制成型，再填充至固定床反应器中，填充方式与Pd/C催化剂的填充方式一样，采用多级装填。

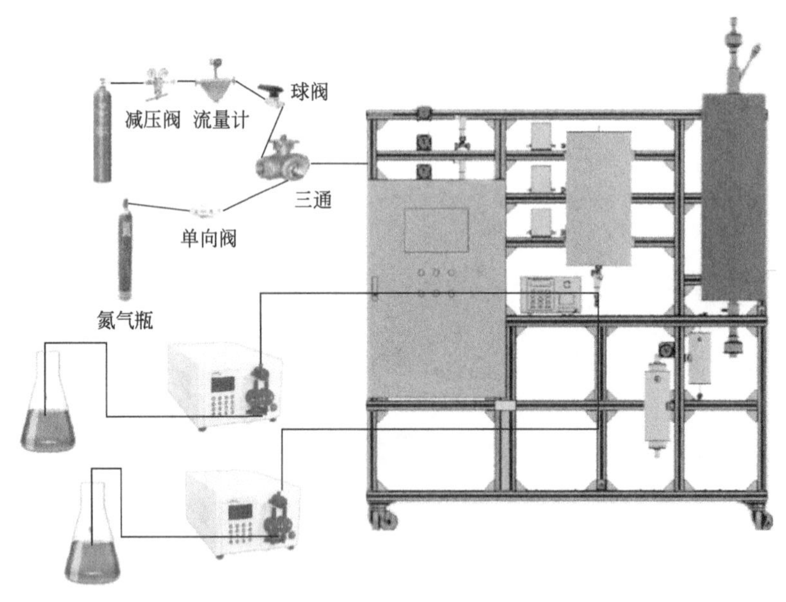


**图 5-22 $O_2$ 氧化固定床设备套装**

气体通过钢瓶、减压阀和气体质量流量计的套装来实现定量输送；液体原料通过高压柱塞泵进行定量输送。液体原料经过预热器加热后，进入气液分配器。在气液分配器中，实现气体和液体的良好混合。目前，板式微气泡反应器被用作固定床反应器的气液分配器，气液混合效率有明显的提升。

③ 回路反应器方案　回路反应器主要由高压反应釜、循环泵、热交换器和文丘里管喷射器组成。文丘里管喷射器利用高速流动相卷吸其他相，高速液体的剪切作用使气体破碎成非常小的气泡，产生很大的气液比表面积，提高传质速率。混合相喷射入反应釜内，在其中形成整体的环流，促进反应持续进行。回路反应器非常适用于传质受限的非均相反应。

对于固体催化剂，需要采用过滤网将其限制在反应釜罐体内。回路反应器的投料方式为批次投料，间断性生产。一次性投料后，一定时间内循环反应至反应终点；收集反应产物后，再进行下次投料。

## 5.6.3　$O_3$ 氧化反应连续化设计

臭氧（$O_3$）具有强氧化性，是比氧气更强的氧化剂，稳定性极差，可在较低温度下发生氧化反应，如能将银氧化成过氧化银，将硫化铅氧化成硫酸铅，与碘化钾反应生成碘。工业上以干燥的空气或氧气，采用（5～25)kV 的交流电压通过无声放电制取臭氧。利用臭氧和氧气沸点的差别，通过分级液化可得浓集的臭氧。

臭氧发生器是用于制取臭氧气体的装置。臭氧易于分解，无法储存，需现场制取现场使用（特殊的情况下可进行短时间的储存），所以凡是能用到臭氧的场所均需使用臭氧发生器。臭氧发生器在饮用水制备、污水处理、工业氧化、食品加工和保鲜、医药合成及空间灭菌等领域广泛应用。臭氧发生器产生的臭氧气体可以直接利用，也可以通过混合装置和液体混合参与反应。臭氧发生器主要有三种：一是高压放电式；二是紫外线照射式；三是电解式。

臭氧（$O_3$）在连续化工艺过程中，有一定的局限性，包括压力局限、浓度局限和稳定性局限。臭氧发生器制备的臭氧，其压力较低（0.2MPa 左右）。

① 压力局限　在连续流工艺中，有较大的压降存在，要实现臭氧的定量输送，必须进行增压，需要用到臭氧增压泵。

② 浓度局限　臭氧在氧气中的浓度不高，大部分氧气作为惰性气体，占用反应空间。

③ 稳定性局限　臭氧的稳定性不高，浓度会有波动，影响局部配比。

应用微通道反应器，需要一套完整的臭氧进料系统（图 5-23）。臭氧进料系统：氧气钢瓶＋减压阀＋流量计＋单向阀＋臭氧发生器＋臭氧增压泵。

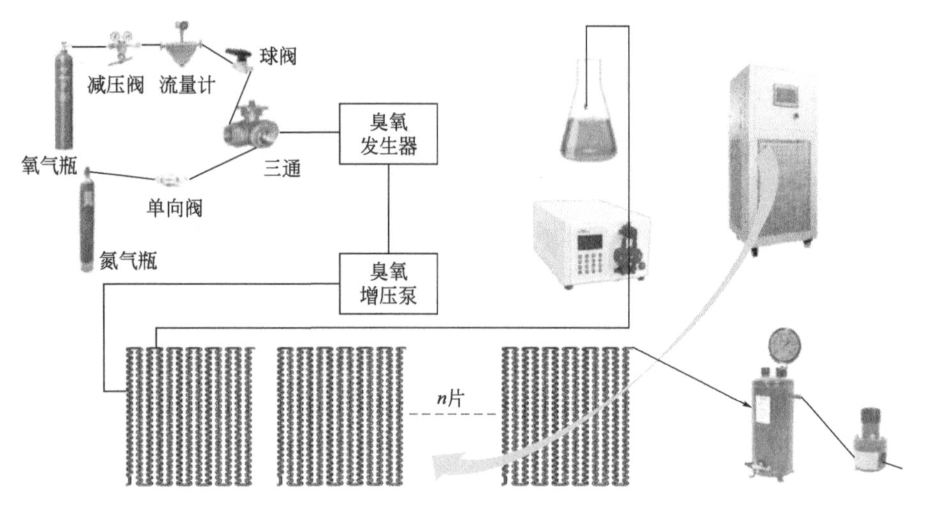


**图 5-23 臭氧微通道连续流工艺设备套装**

目前臭氧氧化反应应用微通道反应器的连续流工艺，成本投资较大，并且成功率不高。目前的设备条件，还不足以支撑臭氧微通道氧化的运行可行性。原料无法稳定流动、无法实现良好混合，其反应效果可想而知。

对于臭氧氧化反应，微气泡发生器和釜式反应器结合，在常压状态下进行的工艺，更有望提升臭氧氧化反应的效率。

# 5.7 重氮化偶合反应

## 5.7.1 重氮化偶合反应简介

重氮化反应在精细化工领域有着广泛的应用，有半数以上的有机合成染料是通过重氮化工艺合成的。重氮化反应的危险系数高，属高危工艺。

偶氮染料在合成染料中是品种数量最多的一类。其生产过程包括重氮化与偶合两个基本反应。芳伯胺类中间体先进行重氮化得到重氮盐，再与偶合剂（酚类、芳胺类、吡唑啉酮类以及活性亚甲基类等）进行偶合反应。

例如：

$$C_6H_5NH_2 + 2HCl + NaNO_2 \xrightarrow{0\sim5^\circ C} C_6H_5\overset{+}{N}{\equiv}N\ Cl^- + NaCl + 2H_2O$$

$$C_6H_5\overset{+}{N}{\equiv}N\ Cl^- + C_{10}H_7OH \xrightarrow{pH=9,\ 室温} C_6H_5N{=}N{-}C_{10}H_6{-}OH + HCl$$

重氮化反应过程包括三个步骤：亲电试剂的生成，亲电试剂的进攻，转化为重氮盐。

① 亲电试剂的生成　在浓硫酸中产生质子化亚硝酸；在盐酸中产生亚硝酰卤；在稀硫酸中产生亚硝酸酐。

② 亲电试剂的进攻　亲电试剂中，氮原子是正电荷的中心，它将进攻芳伯胺的氨基，生成亚硝胺。

③ 转化为重氮盐　在酸性条件下，亚硝胺分子经过重排，羟基与氢质子结合、脱水，很快转变成重氮盐。

无机酸的使用对反应有较大的影响，一般是过量 25%～100%。无机酸浓度高，降低游离胺浓度，使重氮化速度变慢；无机酸浓度低，亚硝酸电离影响显著，反应速率增加。

重氮盐在水溶液中和低温时是比较稳定的；pH＜3 时较稳定；随着 pH 值的升高，重氮盐变成重氮酸，最后变成无偶合能力的反式重氮酸盐。

偶合反应是芳环亲电取代反应。反应过程包括两步：①重氮盐阳离子和偶合组分结合形成一种中间产物；②这种中间产物释放质子，生成偶氮化合物。

重氮化偶合反应釜式工业生产存在的问题：①亚硝酸易分解，重氮盐稳定性差，一般在 0～10℃ 进行。釜式反应传热效率有限，产物收率低。②副反应较多，加重产品精制困难。③反应过程酸用量大，设备维护成本高。

## 5.7.2　重氮化偶合反应连续化设计

(1) 反应特点

① 固体参与或析出。如：水用量有限，一部分 $NaNO_2$ 未能溶解；产物钠盐不能完全溶解；无溶剂原料不能溶解等。

② 强酸参与，HCl 和 $H_2SO_4$ 是比较常用的两种无机酸，要求设备材质耐腐蚀。

③ 反应放热，需要低温进行，对传热效率要求高。

④ 非均相反应，对传质效率要求高。

⑤ 两步反应，需要分段控温。

(2) 重氮化偶合反应连续化工艺设计（图 5-24）

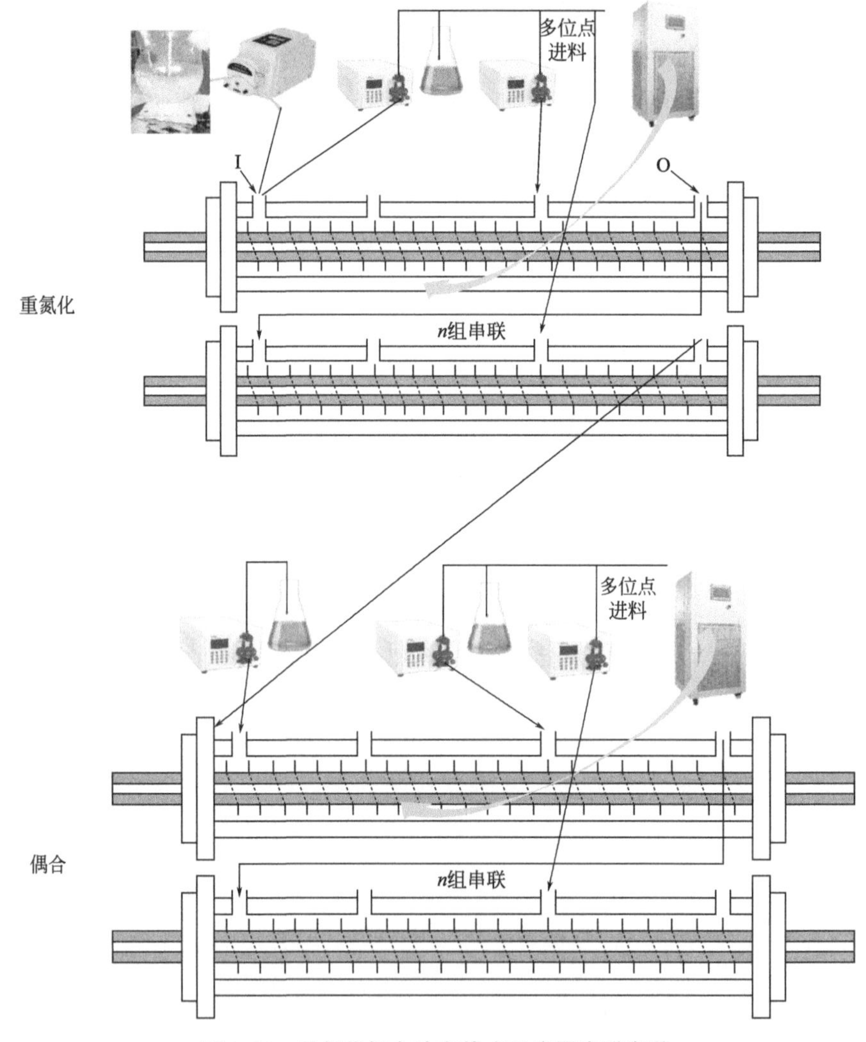


图 5-24 重氮化偶合动态管式反应器串联套装

① 设备选择 个别重氮化反应是液相反应，首选微通道反应器。大部分重氮化反应都有固体参与，微通道反应器不适用，有堵塞风险；动态管

式反应器可以作为较好的选择。

② 浆料进料　反应中可能存在 $NaNO_2$ 浆料、原料浆料等。浆料的进料可以选择蠕动泵、隔膜泵、固体进料器等。为了增加传质效率，浆料可以选用胶体磨进行研磨处理。

③ 设备串联，分段控温　设备串联将重氮化、偶合两步反应进行连续化串联。反应中间体（重氮盐）不经过处理或储存，直接连续应用于下一步反应。通过冷热一体机为前后设备分别提供不同的反应温度。

# 5.8 酸碱中和反应

## 5.8.1 酸碱中和反应简介

酸碱中和反应是酸与碱发生作用生成盐和水的一种化学反应。其本质就是酸性溶液中的 $H^+$ 和碱性溶液中的 $OH^-$ 结合生成了中性的 $H_2O$。酸碱中和反应为放热反应，放热量大。

$$H^+ + OH^- = H_2O \qquad \Delta H = -57.3\text{kJ/mol}$$

酸碱中和反应过程中，溶液的酸碱性存在 pH 突跃的等当点（图 5-25）。如，用氢氧化钠滴定盐酸时，在等当点附近，曲线几乎垂直，表示加入少量氢氧化钠时 pH 会发生很大的变化，称为滴定突跃。在等当点前 0.1%到等当点后 0.1%之间，溶液的 pH 由 4.3 变为 9.7，相当于加入一滴氢氧化钠溶液能使 $H^+$ 的浓度改变几十万倍。pH 突跃范围为 4.3～9.7，此范围很大，包括从弱酸性到弱碱性区域。

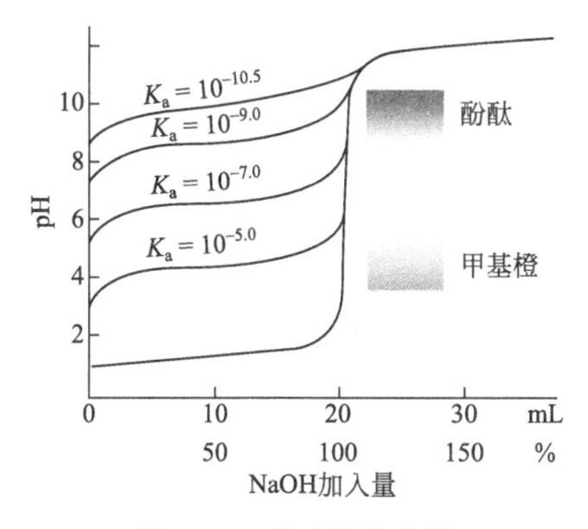


图 5-25　酸碱滴定曲线

酸碱中和反应在工业生产中的问题有以下几方面：

① 原料腐蚀性大，设备维护成本高；

② 放热量大，有安全风险；

③ 酸雾挥发，易造成环境污染；

④ 产品 pH 值不易控制。

## 5.8.2 酸碱中和反应连续化设计

(1) 反应特点

① 原料有腐蚀性，对设备材质要求高；

② 放热量大，酸雾挥发；

③ 反应简单、迅速，无副反应；

④ 产品无机盐可能会析出。

(2) 连续化工艺设计

① 反应器选择　酸碱中和反应对传质要求不高，对传热要求高，反应速度快。对于无固体参与的反应，首先选择微通道反应器。对于有固体参与的反应，首选动态管式反应器（图 5-26）。

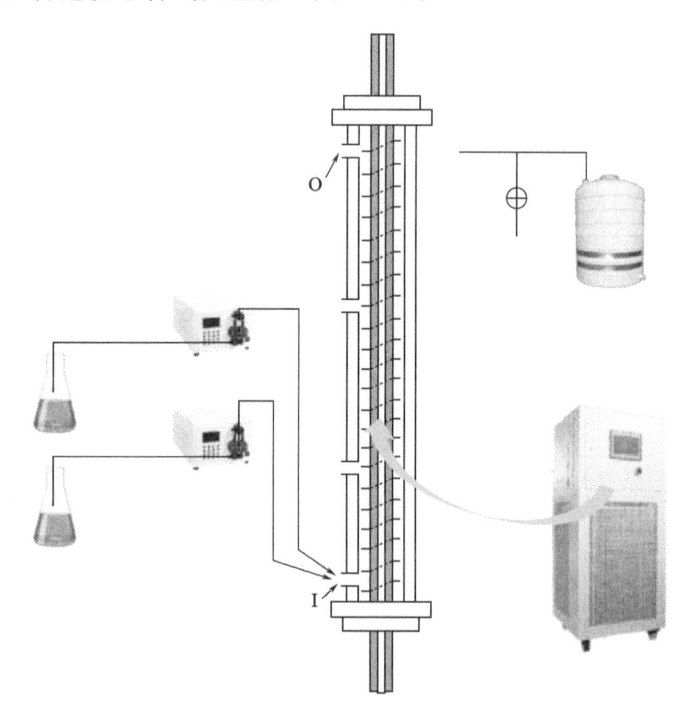


图 5-26　酸碱中和动态管式反应器套装

② pH 计在线检测　对于酸碱中和反应，有一个简单的检测方法，即 pH 计检测。在实际使用过程中，pH 计的适用范围也有局限性。如果反应物料有有机溶剂存在，pH 计的检测数据将有很大误差。对于水相反应体系，pH 计检测较准确。

# 5.9 格氏反应

## 5.9.1 格氏反应简介

格林尼亚反应简称格氏反应，格氏反应是有机化学中最经典、最基本、最重要的碳碳键形成反应之一，是一种有机金属化学反应，在有机合成和药物合成中发挥着举足轻重的作用。格氏试剂作为亲核试剂，可以和亲电试剂如醛、酮、亚胺、酯、环氧、二氧化碳等发生反应，主要包括烷基化反应、羰基加成、共轭加成及卤代烃还原等。

格氏试剂是金属有机化合物中最常用的一种，是一种重要的有机合成中间体。格氏试剂生成后，作为一种亲核试剂与另一亲电组分反应生成目标产物的同时，一般有水解、氧化、双分子脱卤等副反应发生。反应过程中，要确保无水无氧的环境。常用的溶剂必须经过脱水处理，如无水乙醚或无水四氢呋喃（THF）。

关于格氏反应的理论研究指出，羰基和格氏试剂的反应，要经过一个六元环过渡态。

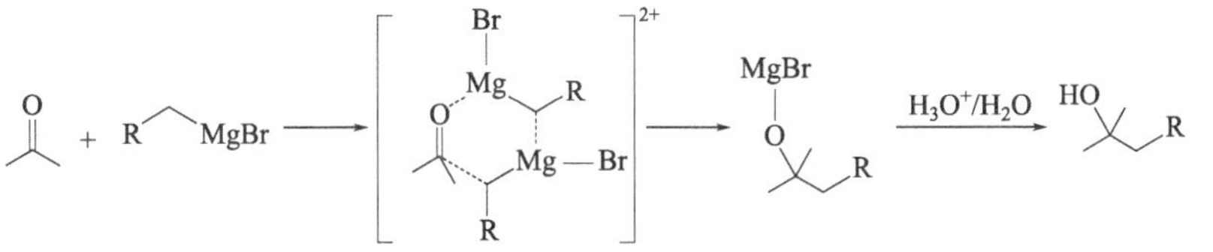

格氏反应的工业化要求有如下几个方面：

(1) 无水、无氧、无锈的操作条件

① 氧的去除　采用先抽真空、再通入氮气、最后连续通入氮气的方法，这样才能保证氧气的去除效果。

② 水的脱除　无论是镁屑、溶剂还是卤代烃都需要脱水，除水的方法较多，液体物料中的水分采取共沸脱水法最简单易行。

③ 镁的质量控制　镁表面上氧化物会抑制反应，因而不应过早地准备

镁粉或镁屑。一般情况下现用现制，将镁锭刨成薄的镁屑即时使用为佳。

(2) 溶剂的选择、用量和回收利用

最常用的溶剂是四氢呋喃，其反应活性高，沸点较高，挥发损失小，便于回收利用，使用安全。共沸除水法回收溶剂，用水萃取四氢呋喃至水相中，精馏出含水四氢呋喃，加入能与水形成低沸点共沸物的烷烃进行共沸脱水，无水的低沸点烷烃与四氢呋喃混合物精馏分离。

(3) 引发过程控制

反应引发阶段需要引发剂，碘、碘甲烷、溴乙烷、格氏试剂是最常用的引发剂。而格氏试剂本身是最好的引发剂，引发速度最快。

为避免反应过程出现过热，一般加完镁屑后加入卤代烃的溶液，加入量为总体积的5%左右。反应器搅拌的桨叶必须足够低。不但能将反应液搅拌起来，而且能使镁屑搅动起来。

## 5.9.2 格氏反应连续化设计

(1) 反应特点

① 固体参与，制备格氏试剂用到密度大的金属镁；

② 亲核加成，常用到金属催化剂；

③ 条件苛刻，无水、无氧、无锈；

④ 放热量大；

⑤ 反应剧烈，自由基反应一经引发难控制。

(2) 制备格氏试剂过程连续化工艺设计 (图 5-27)

① 反应器选择　固体参与反应，首选动态管式反应器。

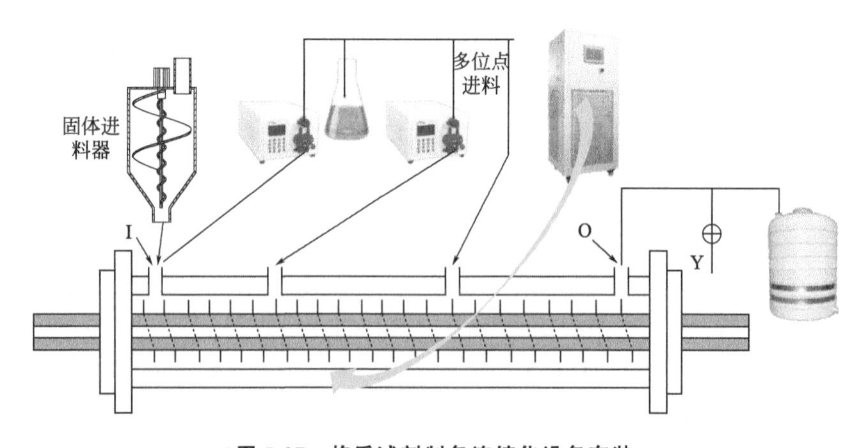


**图 5-27　格氏试剂制备连续化设备套装**

② 进料控制　金属镁粉，选用固体进料器。

(3) 格氏试剂亲核加成过程连续化设计

① 反应器选择　对于无固体参与的亲核加成，首选微通道反应器（图5-28）；对于有固体参与的亲核加成，选择动态管式反应器（图5-29）。

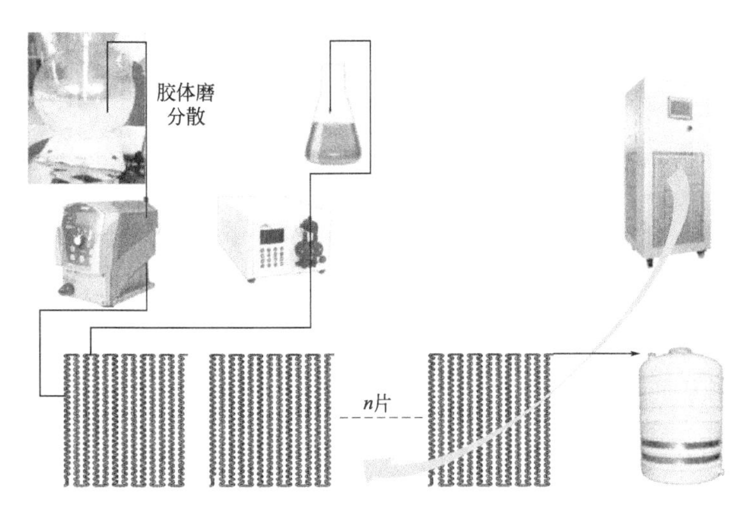


图5-28　格氏试剂亲核加成微通道设备套装

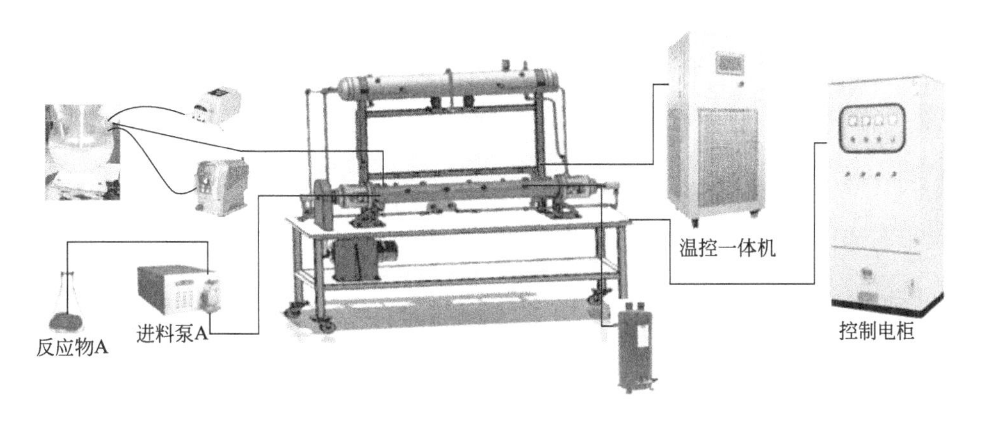


图5-29　格氏试剂亲核加成动态管式反应器套装

② 进料控制　液态原料采用高压柱塞泵定量进料。参与反应的固体催化剂，需要采用蠕动泵进料或者采用隔膜泵进料。为了使催化剂分散更均匀，建议采用胶体磨将催化剂进行分散。

# 5.10 有机锂反应

## 5.10.1 有机锂反应简介

有机锂试剂与格氏试剂有许多相似之处，比格氏试剂更活泼。锂的反应活性高于镁，烷基锂的化学活性也高于烷基卤化镁，在有机合成中有机锂反应非常重要。由于有机锂中的碳锂键的离子性很强，碳负离子非常容易被氧化或与活泼氢结合，所以在制备有机锂时应在惰性气体保护下进行，所用溶剂如乙醚、苯、环已烷等必须特别干燥。

(1) 有机锂试剂的制备

① 卤代烷与金属锂在非极性溶剂（无水乙醚、石油醚、苯）中作用生成有机锂化合物。

$$RX+2Li \longrightarrow RLi+LiX$$

卤代烷与锂反应的活性次序为：RI＞RBr＞RCl＞RF。氟代烷的反应活性很小，而碘代烷又很容易与 RLi 发生反应生成高碳的烷烃，所以常用 RBr 或 RCl 来制取 RLi。

② 通过金属-卤素交换制备（锂卤交换），该法主要用于 1-烯基锂或芳基锂的制备。例如：

$$RX+C_4H_9Li \longrightarrow C_4H_{10}+RLi$$

③ 烷基锂与烃类反应（锂氢交换）。例如：

$$C_4H_9Li+RH \longrightarrow C_4H_{10}+RLi$$

(2) 有机锂反应

① 有机锂化合物的亲核性和碱性比格氏试剂强，大体积的烷基锂可与有很大空间位阻的羰基化合物发生亲核加成反应。例如：

Li + O ——1) $Et_2O$，−60℃ / 2) $H_2O$——→ OH

② 格氏试剂与 $CO_2$ 反应生成羧酸，但有机锂与 $CO_2$ 加成则生成酮。

这主要是由于有机锂化合物比有机镁化合物具有更强的亲核性，有机锂能继续与羧酸根反应制备酮。

$$RLi + CO_2 \longrightarrow R{-}COOLi \xrightarrow{RLi} R_2COLi \xrightarrow{H_3O^+} R_2CO$$

③ 苯基锂进行亲核反应时，有一定的选择性，而作为一种强碱，它可以用于苯炔反应。例如：

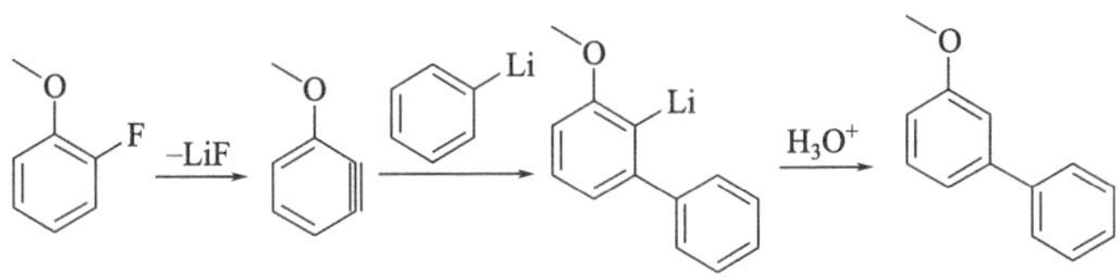

④ 有机锂与 $\alpha,\beta$-不饱和羰基化合物反应优先进行1,2-加成（格氏试剂优先1,4-加成）。

⑤ 活泼的烷基锂在乙醚或四氢呋喃溶液中与卤化亚铜反应，生成加合产物二烷基铜锂，并溶于溶液中。二烷基铜锂是一个良好的亲核试剂，它与伯卤代烷作用可以得到较高收率的烃。

⑥ 有机锂化合物同某些电正性较低的金属卤化物反应，以制备该金属的有机化合物，例如：

$$4RLi + SnCl_4 \longrightarrow R_4Sn + 4\ LiCl$$

$$2RLi + CuI \longrightarrow R_2CuLi + LiI$$

$$2RLi + HgCl_2 \longrightarrow R_2Hg + 2\ LiCl$$

(3) 有机锂反应的工业化要求

① 无水、无氧、无锈的操作条件　有机锂中的碳锂键的离子性很强，碳负离子非常容易被氧化或与活泼氢结合。有水存在，有机锂试剂会发生反应，产生固体颗粒。所用溶剂必须特别干燥。氧的去除，采用先抽真空再连续通氮气的方法。

② 低温反应环境　有机锂活性非常高，反应迅速。为了容易控制反应、提高选择性、降低安全隐患，生产中常把温度控制在−78℃左右。

## 5.10.2 有机锂反应连续化设计

(1) 设备选择

优选微通道反应器（图5-30）。有机锂反应对温度要求高，目前换热效率最高的设备是微通道反应器。另外，微通道反应器也更容易提供无水、无氧的环境。

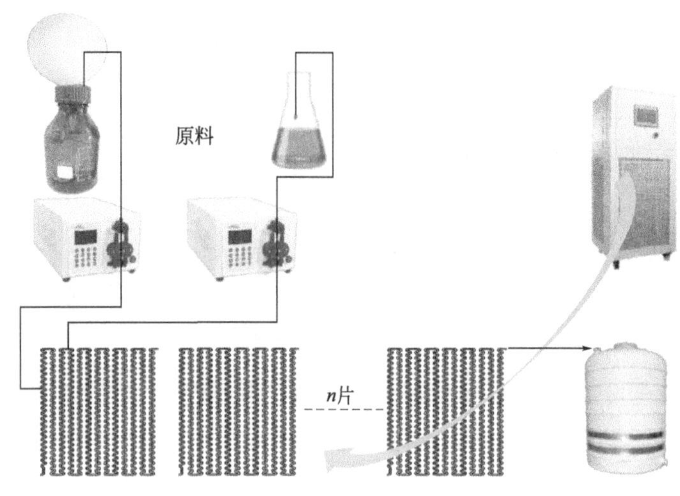


图 5-30 有机锂反应微通道反应器套装

(2) 设备使用技巧

① 微通道设备除水、除氧 第一步，连接设备后，进行背压，验证设备套装的气密性；第二步，选择无水乙醇，常温下冲洗置换整套设备 3～5 次；第三步，升温至 100～120℃，高纯 $N_2$ 吹扫；第四步，设备降温，无水四氢呋喃/乙醚冲洗置换。

② 有机锂试剂进料 试剂瓶要密封，保证不与空气接触。可以采用高纯 $N_2$ 气球平衡试剂瓶压力。高压柱塞泵提前注入无水溶剂，保证无空气渗入。

③ 中间取样 在反应片之间、出料管线等位置，都可以通过三通＋球阀的配件实现中间取样。

④ 可以尝试升温 已经实现工业化的有机锂反应温度在－40～－30℃。

# 5.11 氯化反应

## 5.11.1 氯化反应简介

卤化反应是向有机化合物分子中引入卤素原子（建立碳卤键）的反应。

根据所引入卤原子的不同，可分为氟化、氯化、溴化及碘化反应。氯化是化合物的分子中引入氯原子的反应，包含氯化反应的工艺过程为氯化工艺，主要包括取代氯化、加成氯化、氧氯化等。最常用的氯化剂是氯气。氯气由氯化钠电解得到，通过液化储存和运输。其他氯化剂有气态氯化氢、盐酸、三氯氧磷、三氯化磷、五氯化磷、硫酰氯、次氯酸钙等。

(1) 氯化工艺特点

① 氯化反应是一个放热过程，尤其在较高温度下进行氯化，反应更为剧烈，速度快，放热量较大。

② 所用的原料大多具有燃爆危险性。

③ 常用的氯化剂氯气本身为剧毒化学品，氧化性强，储存压力较高，多数氯化工艺采用液氯生产是先汽化再氯化，一旦泄漏危险性较大。

④ 氯气中的杂质，如水、氢气、氧气、三氯化氮等，在使用中易发生危险，特别是三氯化氮积累后，容易引发爆炸危险。

⑤ 生成的氯化氢气体遇水后腐蚀性强。

⑥ 氯化反应尾气可能形成爆炸性混合物。

(2) 工业生产中常用的氯化反应器

① 液相氯化　一般是鼓泡式反应釜，如丙烯次氯酸化为氯丙醇。

② 气固相催化氯化　选用固定床反应器或流化床反应器，如乙烯氯化为二氯乙烷。

③ 气相均相氯化　采用喷嘴式反应器，如丙烯高温氯化。

(3) 氯化工艺存在的问题

① 局部配比和局部温度不易控制，副反应多。

② 氯气腐蚀性强，计量难度大。气体计量，流量计容易损坏；液体计量，柱塞泵容易损坏。

③ 使用过量，利用率低，增加尾气吸收负担。

## 5.11.2　氯气的精确计量

氯气腐蚀性强，通常为钢瓶压缩气体，压力 (0.8～0.9)MPa。氯气精确计量的方式分为两种，气体流量计计量和液体计量泵计量。

(1) 气体流量计计量

氯气以气体状态参与反应，氯气可以采用氯气质量流量计精确计量氯气用量。氯气必须进行干燥处理，潮湿状态下，流量计内部器件会立即被腐蚀。

氯气进料系统（图 5-31）包括氯气存储、温控、干燥、计量等功能。

提升氯气压力的方法为适当升温至40～50℃。氯气干燥剂有浓硫酸、无水氯化钙、无水硫酸镁等。

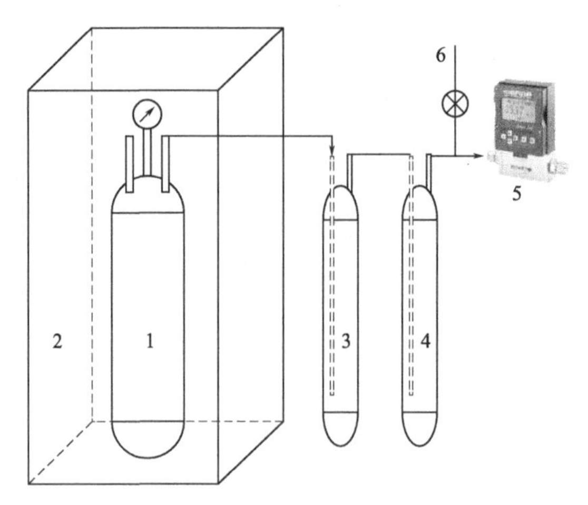


**图 5-31 氯气进料系统**

1—氯气储罐；2—恒温箱；3—一级干燥器；4—二级干燥器；
5—氯气质量流量计；6—$N_2$ 吹扫

(2) 液体计量泵计量

氯气以液体状态参与反应，可以采用液体计量泵进行计量（图 5-32）。输送过程中，需要保持液体状态，必须要进行背压处理。

为了更好地保持液体状态，液氯钢瓶可以补加 $N_2$ 增压，如增压至1MPa，然后倒置。背压阀压力＞1MPa，保持柱塞泵的出口端压力大于入口端压力。

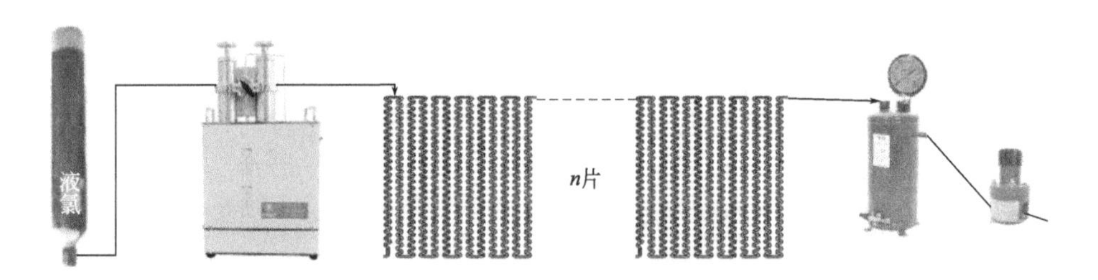


**图 5-32 液氯进料方式**

## 5.11.3 氯化反应连续化设计

根据氯化试剂状态的不同，可以选择不同的连续化设备和辅助设备。

(1) 液态氯化试剂

如非氯气氯化试剂（盐酸、三氯氧磷、三氯化磷、五氯化磷、硫酰氯、次氯酸钙），优先选择微通道反应器（图 5-33），其他连续化设备（微混合器、管式反应器等）也可以选择。

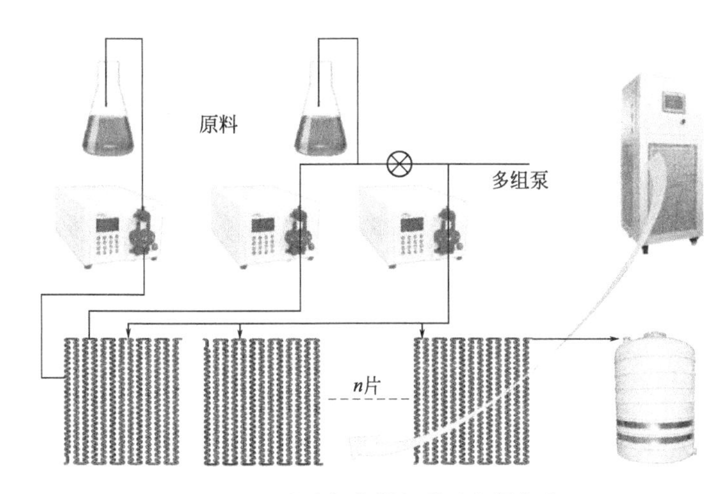


**图 5-33　溶液氯化微通道反应器套装**

(2) 液态氯气

氯气以液态形式参与反应，进行背压操作（图 5-34）。

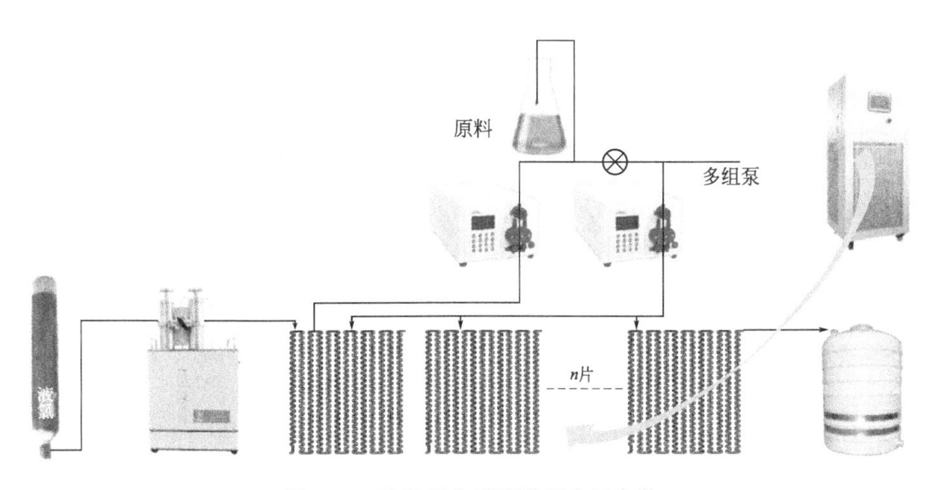


**图 5-34　液氯氯化微通道反应器套装**

(3) 气态氯气

气体参与反应，设备优先选择板式微气泡反应器（图 5-35）。

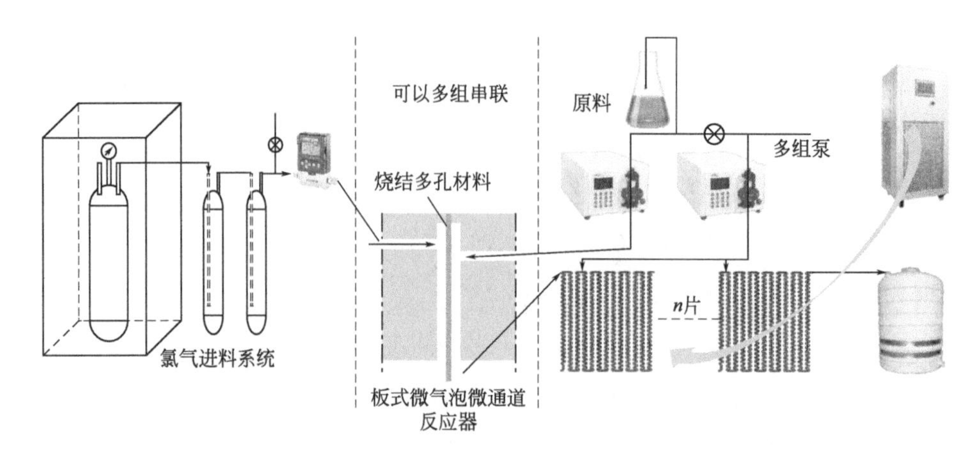


图 5-35 氯气氯化板式微气泡反应器套装

# 5.12 溴化反应

## 5.12.1 溴化反应简介

溴化反应是有机化合物分子中的氢被溴取代生成含溴化合物的反应。重要的溴化反应有：芳环上的氢在三溴化铁催化下被溴取代生成溴代芳烃；烷烃分子中的氢在光的照射下被溴取代生成溴代烷；烯烃在过氧化物存在或在光照条件下与 *N*-溴代琥珀酰亚胺（NBS）作用，丙烯位发生溴化反应。醇与氢溴酸、三溴化磷等试剂作用生成溴代烃，羧酸与三溴化磷等试剂作用生成酰溴，也都属于溴化反应。溴化反应是制备多种溴化物的主要方法。

常用的溴化试剂有液溴（$Br_2$）、*N*-溴代琥珀酰亚胺（NBS）、苯基三甲基三溴化铵（TBAB）、二溴海因（DBDMH）、三溴化磷（$PBr_3$）等。

卤族元素单质中碘和溴是很容易分解的，而且溴是唯一一种液态的非金属元素单质，很容易挥发，所以要用水隔离。事实上水会和溴发生反应，生成溴化氢和次溴酸，次溴酸很不稳定，见光易分解。液溴保存在棕色的瓶子里就是为了保护次溴酸，间接地保护液溴。

液溴是一种深红棕色液体，化学式为 $Br_2$。其容易挥发，气温低时能冻结成固体，有着极强烈的毒害性与腐蚀性。沸点 58.78℃，密度 3.119g/mL，能溶于醇、醚、溴化钾溶液、碱类及二硫化碳，能溶于水。

液溴在连续流反应过程中，通常采用高压柱塞泵精准控制进料。由于液溴的密度较大，进料量很难控制，通常配制成稀释溶液，再通过高压柱塞泵控制进料。

*N*-溴代琥珀酰亚胺（NBS），也称 *N*-溴代丁二酰亚胺。白色至乳白色结晶固体或粉末，略有溴的气味。微溶于水和乙酸，溶于丙酮、四氢呋喃、二甲基甲酰胺、二甲基亚砜、甲醇、丙酮等溶剂。NBS 是工业中常用的化工原料，主要用于调节溴化反应，是一种良好的溴代试剂，可取代苄基或烯丙基位置的氢原子，广泛应用于烯烃、炔烃等化合物的负离子溴代反应和自由基溴代反应，亦可作为醇氧化为醛酮、醛氧化为酸的氧化剂。

三溴化磷（$PBr_3$），无色液体，有刺激性臭味，在空气中激烈发烟，有毒，人误服或吸入其粉尘和液体会严重中毒。可混溶于丙酮、二硫化碳、氯仿、四氯化碳等溶剂。与水作用分解为亚磷酸和氢溴酸并放出大量热，与乙醇作用分解为磷酸和溴乙烷。与氧加热生成亚磷酰溴和溴，进一步作用生成磷酰溴和五溴化磷，与氯反应生成三氯化磷和溴，与硫化氢作用生成三硫化二磷和溴化氢。

## 5.12.2　溴化反应连续化设计

溴化反应中用到的溴化试剂，主要是液态溶剂，易挥发，毒性较大。在连续化工艺系统中，需要注意的问题是溴化试剂的进料过程控制，需要系统密闭、平衡压力、避免腐蚀。常常采取的进料方式如下（图 5-36）：

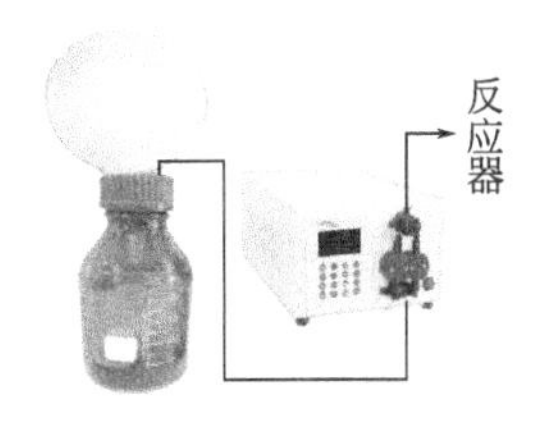


**图 5-36　溴化试剂计量控制**

液态反应腐蚀性强，设备选择微通道反应器，材质需要选择耐腐蚀材料，如哈氏合金、SiC、PTFE、特殊金属等，设备搭建方式如图 5-37 所示。

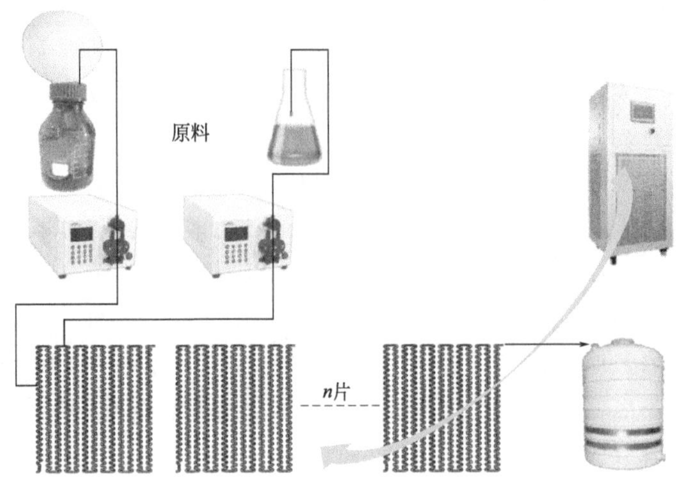


图 5-37 溴化微通道反应器套装

# 5.13 氟化反应

## 5.13.1 氟化反应简介

氟化工艺是一种高危化工生产工艺，存在剧毒、易燃易爆、设备腐蚀等安全隐患。氟化反应是一个放热反应，一般都在较高温度下进行氟化，反应剧烈，速度快，热量变化较大。

氟化工常用的原料为氟气，化学式 $F_2$，淡黄色。氟气是一种极具腐蚀性的双原子气体，有剧毒。能刺激眼、皮肤、呼吸道黏膜。当氟浓度为 5～10mg/L 时，对眼、鼻、咽喉等黏膜开始有刺激作用，作用时间长时也可引起肺水肿。与皮肤接触可引起毛发的燃烧，接触部位凝固性坏死、上皮组织碳化等。

氟是电负性最强的元素，也是很强的氧化剂。在常温下，它几乎能和所有的元素化合，并产生大量的热，在所有的非金属元素中，氟最活泼。除具有最高价态的金属氟化物和少数纯的全氟有机化合物外，几乎所有有机物和无机物均可以与氟反应。大多数金属都会被氟腐蚀，碱金属在氟气中会燃烧，甚至连金在受热后，也能在氟气中燃烧。许多非金属，如硅、磷、硫等同样也会在氟气中燃烧。如果把氟通入水中，它会把水中的氢夺走，放出氧气。

$$Si + 2F_2 = SiF_4$$

$$2P + 3F_2 = 2PF_3$$

$$S + 3F_2 = SF_6$$

$$2F_2 + 2H_2O = 4HF + O_2$$

通常，氮对氟而言是惰性的，可用作气相反应的稀释气。钢瓶中存储的气体，往往是混合气体。氟气的尾气吸收，可以将氟气通过 2%的氢氧化钠溶液，还可以得到氟氧化合物 $OF_2$。

$$2F_2 + 2NaOH = OF_2 + H_2O + 2NaF$$

## 5.13.2　氟化反应连续化设计

氟化反应连续化设计中，可将氟化反应分为两类。

(1) 非氟气氟化

氟化原料常溶于溶液中，以液体形式参与反应。液液态反应，传质阻力小，易于实现连续化。微通道反应器套装如图 5-38 所示。

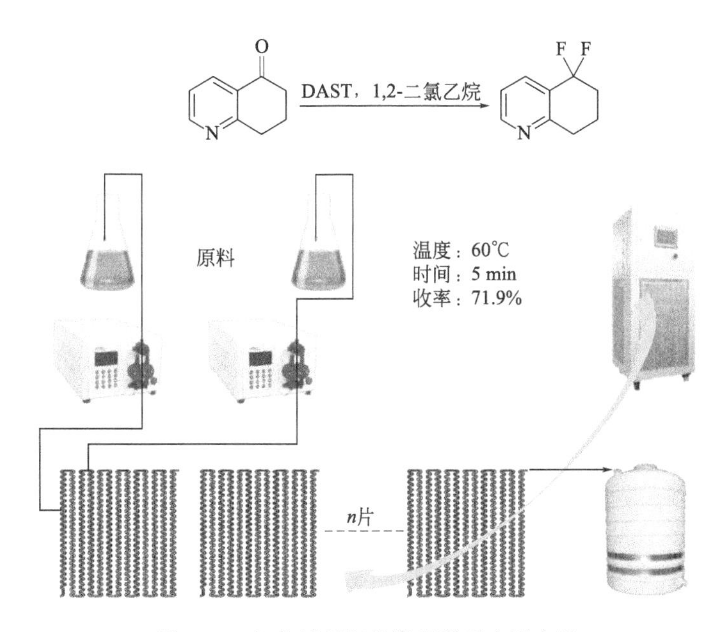


**图 5-38　氟化试剂氟化微通道反应器套装**

(2) 氟气 ($F_2$) 氟化

氟气 ($F_2$) 氟化连续化难度较大，存在以下问题：

① 气液反应，有 $F_2$ 和惰性气体参与，气液传质阻力大。

② 气液体积比大，气液混合效率要求高。

③ 毒性大，对设备系统密封性能要求高。

④ 腐蚀性强，对设备材质要求较高，$F_2$ 几乎可以和所有金属反应。

⑤ 反应放热，温度越高，$F_2$ 氟化速度越快。在无换热的管路中反应时，很容易造成高温，管路断裂。

以乙酰乙酸乙酯氟化反应为例，进行连续化工艺设计：

O O F2 O O O O F

在装有 PTFE 涂层机械搅拌器、FEP（聚氟化乙烯-丙烯）热电偶和 FEP 气体输送管的玻璃反应容器中装入乙酰乙酸乙酯（2.6g，20mmol）、甲酸/乙腈（50mL），然后加入金属催化剂（2mmol）。将容器用氮气吹扫，然后在 2h 内使用氮气稀释至 10% 的 $F_2$，以 16mmol/h 的速率通过搅拌后的溶液。在反应结束时，关闭氟供应，并用氮气吹扫反应容器。然后将反应混合物倒入水中并用二氯甲烷萃取。将萃取液干燥，蒸发，并通过 GC 分析无色残留物。

反应分析：

① 氟化试剂　氟气（氮气稀释，体积分数如 10%）。

② 溶剂　甲酸、乙腈、乙酸乙酯等。

③ 催化剂　铜、铁、钴、镍、锰或锌的盐和其他化合物。适用的是硝酸盐、硫酸盐或乙酸盐，其中硝酸盐较为方便。

④ 反应为气液两相反应。

⑤ 连续化工艺设计思路（图 5-39）　设备选择板式微气泡反应器（材质可选择 SiC、PTFE 等），气体被剪切成微气泡，强化气液混合。反应中间采用无管化连接，保证所有反应通道被换热介质覆盖，如果存在无换热部位，容易造成局部高温管路断裂。氟气的准确计量，可以采用氟气进料系统，类似于氯气进料系统。物料接收，采用气液分离罐，加装背压阀，起到调节体系压力的作用。

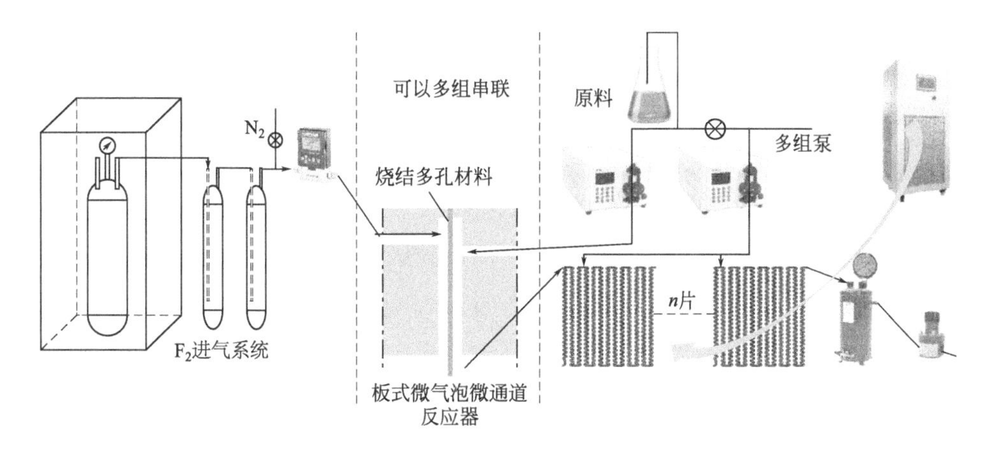


图 5-39　$F_2$ 氟化板式微气泡反应器设备套装

# 5.14　氨解反应

## 5.14.1　氨解反应简介

利用胺化剂将有机化合物上已有的取代基置换成氨基（或芳氨基）的反应称氨解反应。按被置换基团的不同，氨解反应可分为：卤素的置换、羟基的置换、磺基的置换、硝基的置换、羰基化合物的氨解和直接氨解。

常用的胺化剂有液氨、氨水、溶解在有机溶剂中的氨、气态的氨、固体化合物（如尿素）分解放出的氨、各种芳胺等。氨解的反应过程为亲核取代过程，以对硝基氯苯的氨解为例：

$$\mathrm{Cl{-}C_6H_4{-}NO_2} + \mathrm{NH_3} \underset{}{\overset{慢}{\rightleftharpoons}} \mathrm{Cl(\overset{+}{N}H_3)C_6H_4{=}N^+(O^-)O^-} \xrightarrow[-\mathrm{Cl^-}]{快} \mathrm{\overset{+}{N}H_3{-}C_6H_4{-}NO_2} \xrightarrow[+\mathrm{NH_3},-\mathrm{NH_4^+}]{快} \mathrm{NH_2{-}C_6H_4{-}NO_2}$$

液氨，又称为无水氨，是一种无色液体，容易挥发。通常将气态的氨气通过加压或冷却得到液氨，液氨钢瓶的压力在（0.7～0.8）MPa。液氨具有腐蚀性和毒性。氨与空气混合到一定比例时，遇明火能引起爆炸，其爆炸极限为 15.5%～25%。液氨在工业上应用广泛，主要用于生产硝酸、尿素和其他化学肥料，还可用作医药和农药的原料。液氨在国防工业中，用于制造火箭、导弹的推进剂。

## 5.14.2 氨解反应连续化设计

(1) 常压液态均相反应（图 5-40）

氨溶解于水、有机溶剂中，可以得到溶液。液态均相反应的连续化设计比较简单，实验的成功率也比较高。

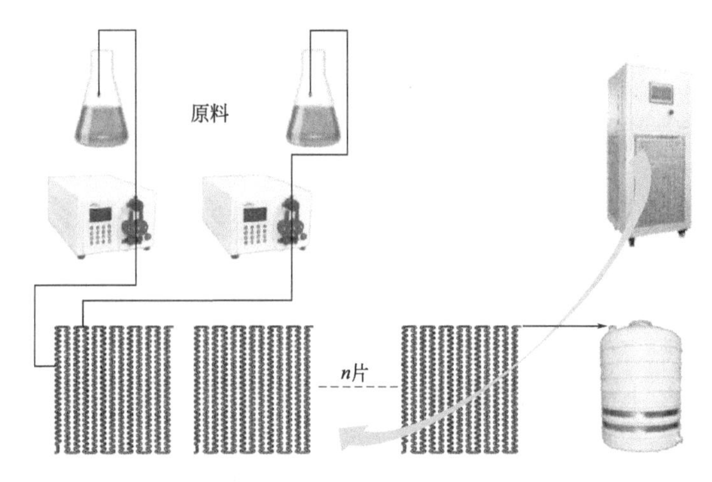


图 5-40 液态均相氨解微通道反应器设备套装

(2) 背压液态均相反应（图 5-41）

氨以液体状态参与反应，反应系统需要整体背压，类似于液氯氯化反应。

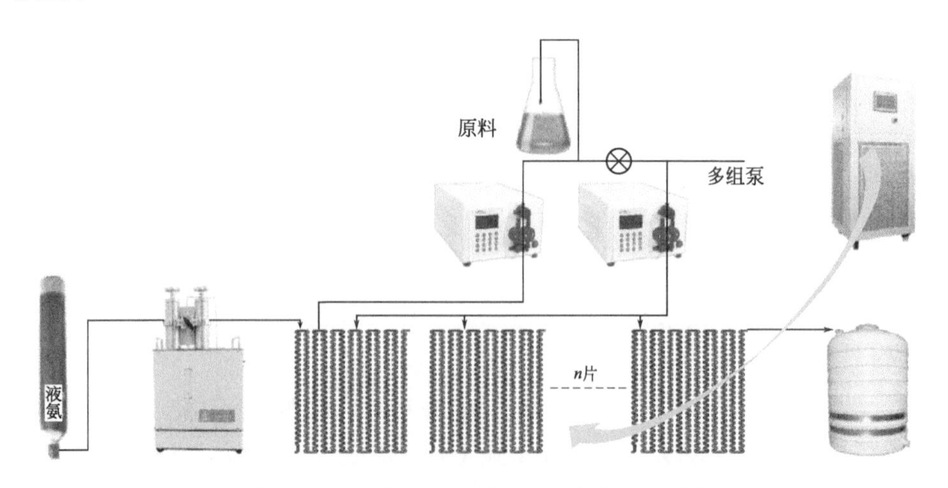


图 5-41 液氨均相氨解微通道反应器设备套装

# 5.15 Diels-Alder 反应

## 5.15.1 Diels-Alder 反应简介

Diels-Alder 反应（狄尔斯-阿尔德反应，简称 DA 加成反应），又名双烯加成反应，是由共轭双烯与烯烃或炔烃反应生成六元环的反应，兼有立体选择性、立体专一性和区域选择性等。反应机理：含有一个活泼的双键或三键的化合物（亲双烯体）与共轭二烯类化合物（双烯体）发生 1,4-加成，生成六元环状化合物：

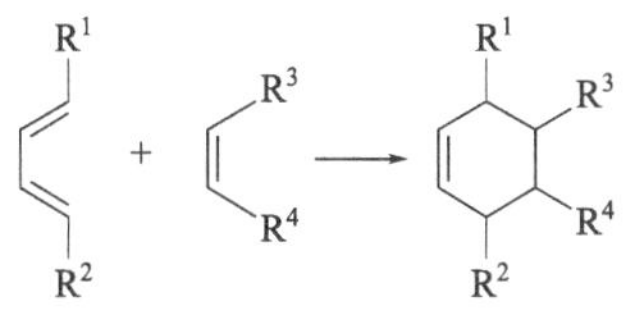

这个反应极易进行并且反应速度快，应用范围极广泛，是合成环状化合物的一个非常重要的方法。带有吸电子取代基的亲双烯体和带有给电子取代基的双烯体对反应有利。这是一个协同反应，反应时，双烯体和亲双烯体彼此靠近，互相作用，形成一个环状过渡态，然后逐渐转化为产物分子。

DA 加成反应中主要使用的催化剂多为路易斯酸和布鲁斯酸，如金属氯化物、碘化物、三氟甲磺酸盐、烷基金属化合物、硼烷、三氟化硼的乙醚溶液、二氟化芳基硼等。

DA 加成反应有如下规律：

① 区域选择性　反应产物往往以“假邻对位”产物为主。即若把六元环反应产物比作苯环，那么环上官能团（假设有两个官能团）之间的相互位置以邻位或者对位为主。

② 立体选择性　反应产物以“内型”为主，即反应主产物是经过“内型”过渡态得到的。

③ 立体专一性　加热条件下反应产物以“顺旋”产物为唯一产物；光照条件下以“对旋”产物为唯一产物。

## 5.15.2 Diels-Alder 反应连续化设计

DA 加成反应中，也涉及液液均相和气液非均相反应。液液均相反应较简单，优先选择常规的微通道设备套装（图 5-42）。

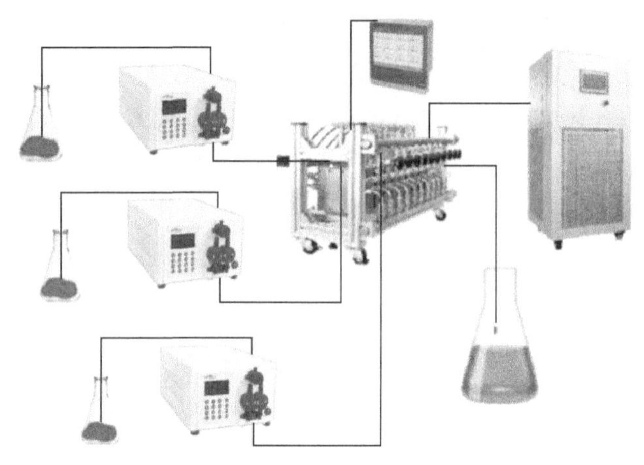

图 5-42 液液均相 DA 加成微通道反应器设备套装

DA 加成反应中的气液非均相反应类似于氧气氧化反应。可以采用板式微气泡反应器或微通道反应器，进行背压状态下的气液反应，设备如图 5-43 所示。

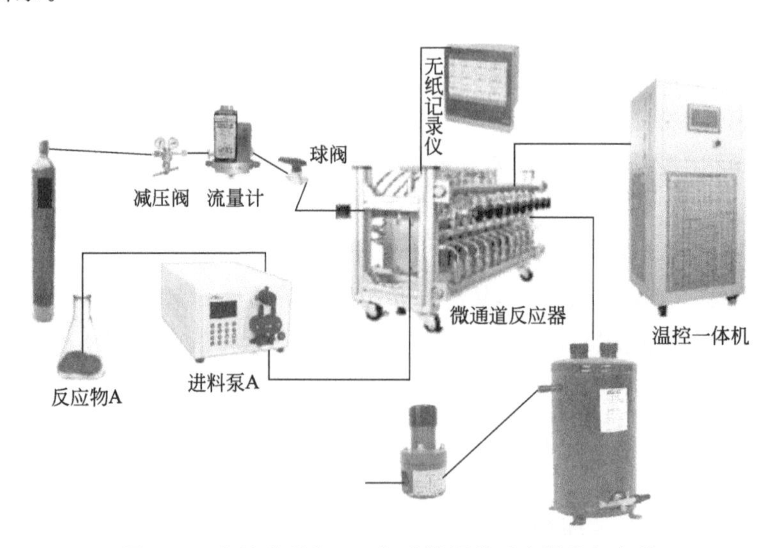


图 5-43 气液非均相 DA 加成微通道反应器设备套装

# 5.16　重氮甲烷制备

## 5.16.1　重氮甲烷基本性质

(1) 物理性质

重氮甲烷为黄色气体，有强刺激性气味，溶于乙醇、乙醚，受热、遇火、摩擦、撞击会导致爆炸。分子式：$CH_2N_2$；分子量：42.04；CAS登录号：334-88-3；熔点：－145.0℃；沸点：－23.0℃；相对密度(水＝1)：1.40。

$$H_2C{=}N^+{=}N^-$$

健康危害：吸入对呼吸道有强烈刺激作用，对中枢神经系统有抑制作用。急性中毒出现剧烈刺激性咳嗽、呼吸困难、胸痛，伴有疲乏无力、呕吐、冷汗、脉快而弱等症状。严重者导致肺炎、肺水肿、休克、昏迷，甚至死亡。

(2) 化学性质

① 与羧酸生成甲酯，与酚生成甲醚。与酰氯反应，生成重氮甲基酮。

② 受热、接触明火或受到摩擦、震动、撞击时可发生爆炸。未经稀释的液体或气体，在接触碱金属或粗糙的物品表面即能引起爆炸。

③ 稳定性　稳定。

④ 禁配物　强氧化剂、酸、酚、醛、酮、烯、炔等。

⑤ 避免接触的条件　受热、光照、摩擦、震动和撞击。

⑥ 聚合危害　不聚合。

⑦ 分解产物　氮气。

(3) 应用

重氮甲烷是一种常用的甲基化试剂。

① 与醛酮反应，可以生成比原分子多一个碳的醛酮，反应机理为重氮甲烷与羰基进行亲核加成之后基团转移，氮气离去，集团转移次序为$—H>—CH_3>—CH_2R>—CHR_2>—CR_3$。此反应还可以用于环酮的扩

环，但可能生成副产物环氧化合物。

② 与不饱和双键化合物，发生环加成反应。用价键理论和计算模型可以详细解释它与乙烯的1,3-二偶极加成反应的机理。对于一些含有双键的金属有机化合物，重氮甲烷还可以与之反应构成三元环。

③ 与酰卤试剂作用，可生成 $\alpha$-重氮酮。该重氮酮是一种比较重要的有机中间体化合物，可进一步反应生成环状化合物，或与醛类反应而使碳链得到延长等。重氮酮在氧化银催化下与水共热生成酰基卡宾，重排得烯酮，烯酮可水解或醇解、氨解生成酯和酰胺。重氮甲烷也可以在 $PPh_3$-NBS 试剂存在下，使羧酸类化合物变为 $\alpha$-重氮酮。另外，此试剂还可用于合成环丙烷类衍生物。

④ 与羧酸类化合物作用形成重氮羧酸酯，然后发生类似 $S_N2$ 的反应而生成羧酸酯。在该反应中无须加入其他的催化剂如路易斯酸等，因此这种条件下其他的基团如醇、烯键等不会发生改变。也能使酚羟基甲基化，例如在乙醚和醇溶液中，重氮甲烷能使酪氨酸的酚羟基定量地甲基化。

⑤ 选择性甲基化异羟肟酸。当 R 为脂肪基时，甲基化发生在含氧原子的位置；当 R 为芳香基时，NH 和 OH 是竞争性的亲核位点。在一定的条件下，以烯醇形式存在的酰胺与重氮甲烷反应时可以形成 $N,O$-二甲基化化合物。

⑥ 重氮甲烷还可以在光的作用下分解生成亚甲基卡宾。

(4) 制备方法

重氮甲烷通常采用 $N$-甲基-$N$-亚硝基物和碱金属氢氧化物为原料进行反应生成，反应方程式如下，其中 R 为甲酰氨基、$N$-硝基-胍或对甲基苯磺酰基。

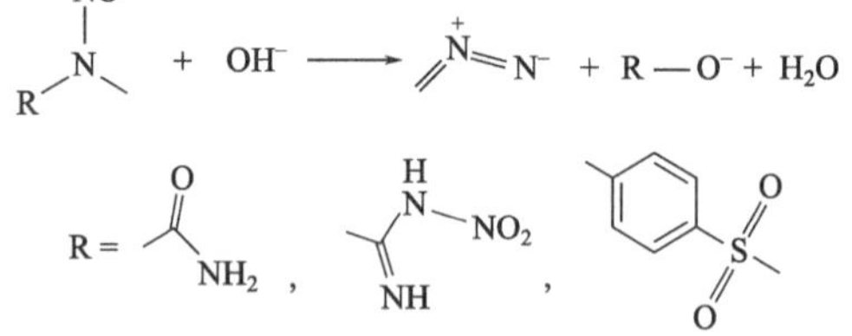

$$R-N(NO)-CH_3 + OH^- \longrightarrow CH_2=N^+=N^- + R-O^- + H_2O$$

## 5.16.2 重氮甲烷制备连续化设计

连续化工艺设计（图5-44）：

① 原料 $N$-甲基-$N$-亚硝基对甲苯磺酰胺的甲基叔丁基醚/乙醚溶液，采用四氟泵，打入微通道反应器。

② KOH 的水溶液，采用 316L 泵，打入微通道反应器。

③ 产物重氮甲烷溶于溶剂中，反应产物通入至分相罐，分层。

④ 上层油相采用柱塞泵打入干燥器，干燥重氮甲烷溶液。

⑤ 重氮甲烷溶液不放置，直接连接下一步反应器，直接使用。

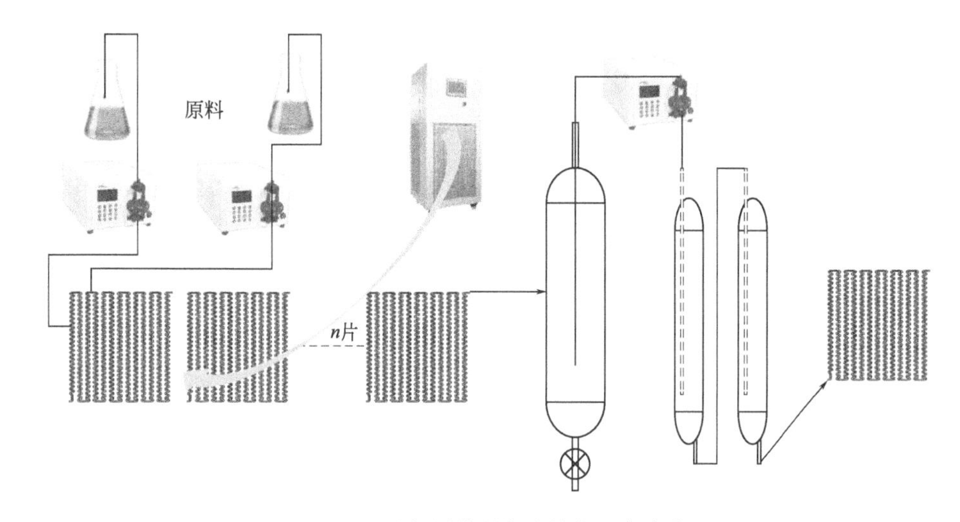


图 5-44　重氮甲烷制备连续化设备套装

# 5.17　离心萃取

## 5.17.1　萃取原理

萃取是利用溶质在互不混溶的两相之间分配系数的不同而使溶质得到纯化或浓缩的技术。

当某一种溶质在基本上不相混溶的两个溶剂之间分配时，在一定温度下，两相达到平衡后，且溶质在两相中的分子量相等，则其在两相中的浓度比值为一常数。达到萃取平衡时，被萃物在两相中的浓度比称为被萃物的分配比，也称为分配系数 $K$。分配比 $K$ 的值越大，被萃物越容易进入萃取相。

$$K=\frac{c_{A(0)}}{c_{A(a)}} \tag{5-1}$$

式中 $c_{A(0)}$——被萃物 A 在萃取相（有机相）中的浓度；

$c_{A(a)}$——被萃物 A 在被萃相（水相）中的浓度。

## 5.17.2 离心萃取原理

离心萃取的原理是利用重力作用，使两相快速混合、快速分相。当非均相体系围绕一中心轴做旋转运动时，运动物体会受到离心力的作用，旋转速率越高，运动物体所受到的离心力越大。在相同的转速下，不同密度的物质会以不同的速率沉降。密度大的物质将沿离心力的方向而逐渐远离中心轴。经过一段时间的离心操作，就可以实现不同密度物质的有效分离。

离心萃取机要实现较理想的两相分离，需轻重两相在离心机转鼓内的停留时间 $T_t$ 大于或等于轻重两相在转鼓内的沉降分离时间 $T_s$。

$$T_t \geqslant T_s \tag{5-2}$$

$$T_t=C/Q \tag{5-3}$$

$$T_s=R/V_s \tag{5-4}$$

式中 $T_t$——轻重两相在离心萃取机转鼓内的停留时间，s；

$C$——离心萃取机转鼓内的容积，$m^3$；

$Q$——轻重两相混合相的单位时间流量，$m^3/s$；

$T_s$——轻重两相在离心机转鼓内的分离时间，s；

$R$——液层在离心萃取机转鼓内的沉降距离，m；

$V_s$——沉降速度，m/s。

根据斯克托斯原理，两相分离时，排除其他因素和布朗运动产生扩散现象的影响，沉降速度与轻重两相的密度差成正比，与转速的平方成正比，与混合液的黏度成反比，沉降速度可用斯托克斯定律计算：

$$V_s=\frac{(\rho_w-\rho_v)d^2\omega^2R}{18\mu} \tag{5-5}$$

式中 $\rho_w$——重相密度，$kg/m^3$；

$\rho_v$——轻相密度，$kg/m^3$；

$d$——液滴直径大小，m；

$\omega$——离心机角速度，rad/s；

$R$——液层在离心机转鼓的沉降距离，m；

$\mu$——混合液黏度，Pa·s。

其他条件一定时，如果提高了离心机的转速，就增大了沉降分离速度 $V_s$，减小了两相分离时间 $T_s$，分离效果更好。若减小了两相密度差，就减小了沉降分离速度 $V_s$，增大了两相分离时间 $T_s$，会出现夹带现象。

离心萃取机有一个重要的结构参数就是重相堰板的尺寸，针对固定尺寸、固定的分离物质，都有一个最佳的重相堰板尺寸。随着重相堰半径加大，界面半径也加大；随着重相堰半径减小，界面半径也减小。在操作中如果发现重相夹带轻相严重，说明两相界面位置超过了重相堰板，使得混合液不能很好地澄清，而随重相口排出。这时减小重相堰半径，使界面向中心推移，直至重相不夹带轻相为止。如果发现轻相夹带重相严重，说明两相界面超过了轻相堰板，重相随混合液进入轻相收集室。这时可加大重相堰半径，界面将向外侧移动，使轻相不夹带重相。

# 参考文献

[1] W. 埃尔费尔德，等. 微反应器——现代化学中的新技术[M]. 骆广生，等译. 北京：化学工业出版社，2006.

[2] 王林. 微反应器的设计与应用[M]. 北京：化学工业出版社，2016.

[3] 托马斯·沃思，等. 微反应器在有机合成及催化中的应用[M]. 赵东坡，译. 北京：化学工业出版社，2012.

[4] 李站华，等. 微流控芯片中的流体流动[M]. 北京：科学出版社，2012.

[5] 林炳承，等. 微流控芯片实验室[M]. 北京：科学出版社，2006.

[6] 方肇伦，等. 微流控分析芯片的制作及应用[M]. 北京：化学工业出版社，2005.

[7] Coley C W, Abolhasani M, Lin H K. Material-Efficient Microfluidic Platform for Exploratory Studies of Visible-Light Photoredox Catalysis [J]. Angewandte Chemie-International Edition, 2017, 56: 9847.

[8] Volker H, Holger L. Organic Synthesis with Microstructured Reactors[J]. Chemical engineering & technology, 2005, 28(3): 267-284.

[9] Monica B, Willem V, David N. Miniaturized continuous flow reaction vessels: influence on chemical reactions[J]. Lab on a Chip, 2006, 6: 329-344.

[10] Wiles C, Watts P. Continuous flow reactors: a perspective[J]. Green Chem, 2012, 14: 38-54.

[11] Tuckerman D B, Pease R. High-performance heat sinking for VLSI[J]. IEEE Electron Device Letters, 1981, EDL-2(5): 126-9.

[12] Kang S W, Chen Y T, Chang G S. The Manufacture and Test of(110) Orientated Silicon Based Micro Heat Exchanger[J]. Tamkang Journal of Science & Engineering, 2002, 5(3).

[13] Brandner J J, Anurjew E, Bohn L, et al. Concepts and realization of microstructure heat exchangers for enhanced heat transfer[J]. Experimental Thermal and Fluid Science, 2006, 30(8): 801-809.

[14] 程婷，罗小兵，黄素逸. 基于一种微通道散热器的散热实验研究[J]. 半导体光电，2007，28(6)：822-4.

[15] 江小宁，周兆英，李勇. 微流体运动的试验研究[J]. 光学精密工程，1995，3：51-55.

[16] Koch M, Witt H, Evans A G R. Improved characterization technique for micromixer[J]. J. Micromech. Microeng., 1999, 9(9): 156-158.

[17] Gray B L, Jaeggi D, Mourlas N J, et al. Novel interconnection technologies for integrated microfluidic systems[J]. Sensors & Actuators A Physical, 1999, 77(1): 57-65.

[18] Kakuta M, Bessoth F G, Manz A. Microfabricated devices for fluid mixing and their application for chemical synthesis[J]. Chem. Rec., 2001, 1(5): 395-405.

[19] Munson S, Yager P. Simple quantitative optical method for monitoring the extent of mixing applied to a novel microfluidic mixer[J]. Anal. Chim. Acta., 2004, 507: 63-71.

[20] 闻建龙. 工程流体力学[M]. 北京：机械工业出版社，2011.

[21] 约翰 D·安德森，等. 计算流体力学基础及其应用[M]. 北京：机械工业出版社，2007.

[22] Markus G, Raphael B, Alain M, et al. Compartmental Models for Continuous Flow Reactors Derived from CFD Simulations[J]. Environmental Science & Technology, 2009, 43(7):2381-2387.

[23] Jahnisch K, Hessel V, Lowe H, et al. Chemistry in microstructured recators[J]. Angew. Chem.

Int. Ed. , 2004, 43: 406-446.

[24] Christopher G F, Anna S L. Microfluidic methods for generating continuous droplet streams[J]. Journal of Physics D: Applied Physics, 2007, 40(19): 319-336.

[25] Link D R, Anna S L, Weitz D A. Geometrically mediated breakup of drops in microfluidic devices [J]. Physical Review Letters, 2004, 92(5): 054503.

[26] Qu W L, Mudawar I. Flow boiling heat transfer in two-phase microchannel heat sinks-I: Experimental investigation and assessment of correlation methods[J]. International Journal of Heat and Mass Transfer, 2003, 46(15): 2755-2771.

[27] 陈光文. 微化工技术研究进展[J]. 现代化工, 2007, 27(10): 8-13.

[28] 陈光文, 赵玉潮, 袁权. 微尺度下液-液流动与传质特性的研究进展[J]. 化工学报, 2010, 61(7): 1627-1635.

[29] Zhao Y C, Chen G W, Yuan Q. Liquid-Liquid two-phase mass transfer in the T-junction microchannels[J]. AIChE Journal, 2007, 53(12): 3042-3053.

[30] 骆广生, 徐建鸿, 李少伟, 等. 微结构设备内液-液两相流行为研究及其进展[J]. 现代化工, 2006, 26(3): 19-23.

[31] 骆广生, 王凯, 吕阳成, 等. 微反应器研究最新进展[J]. 现代化工, 2009, 29(5): 27-31.

[32] 赵玉潮, 张好翠, 沈佳妮, 等. 微化工技术在化学反应中的应用进展[J]. 中国科技论文在线, 2008, 3(3): 157-169.

[33] Reizman B J, Jensen K F. Feedback in flow for accelerated reaction development[J]. Acc. Chem. Res. , 2016, 49: 1786.

[34] Jensen K F. Microreaction engineering - Is small better? [J]. Chem. Eng. Sci. , 2001, 56: 293.

[35] Squires T M, Quake S R. Microfluidic: Fluid physics at the nanoliter scale[J]. Rev. Mod. Phys. , 2005, 77: 977-1026.

[36] Zhao Y C, Chen G W, Yuan Q. Liquid-liquid two-phase flow patterns in a rectangular microchannel [J]. AIChE Journal, 2006, 52(12): 4052-4060.

[37] Bourne J R. Mixing and the Selectivity of Chemical Reactions[J]. Org. Pro. Res. & Dev. , 2003, 7 (4): 471-508.

[38] 褚晓亮, 苗阳, 苗雨旺. 固定床气化技术在我国的应用现状及发展前景[J]. 化工技术与开发, 2013, 11: 41-45.

[39] 李绍芬. 反应工程[M]. 北京: 化学工业出版社, 2000.

[40] 屠雨恩. 有机化学反应工程[M]. 北京: 中国石化出版社, 1995.

[41] 刘宝鸿. 化学反应器[M]. 北京: 化学工业出版社, 2001.

[42] 刑其毅, 等. 基础有机化学[M]. 3 版. 北京: 高等教育出版社, 2005.

[43] 唐培堃. 精细有机合成化学及工艺学[M]. 2 版. 天津: 天津大学出版社, 2002.

[44] Snead D R. Jamison T F. A Three-Minute Synthesis and Purification of Ibuprofen: Pushing the limits of continuous-flow processing[J]. Angew. Chem. Int. Ed. , 2015, 54: 983-1001.

[45] Gustin, Jean-Louis. Runaway Reaction Hazards in Processing Organic Nitro Compounds [J]. Organic Process Research & Development, 1998, 2(1): 27-33.

[46] Jiménez-González C, Poechlauer P, Yang B S, et al. Key Green Engineering Research Areas for Sustainable Manu-facturing: A Perspective from Pharmaceutical and Fine Chemicals Manufacturers [J]. Organic Process Research & Development, 2011, 15(4): 900-911.

[47] Jensen K F. Flow chemistry-Microreaction technology comes of age[J]. AIChE Journal, 2017, 63: 858.

[48] Sahoo H R, Kralj J G, Jensen K F. Multistep continuous-flow microchemical synthesis involving multiple reactions and separations[J]. Angew. Chem. Int. Ed. , 2007, 46: 5704.

[49] Roberts R M, Khalaf A A. Friedel-Crafts Alkylation Chemistry: a Century of Discovery[M]. NewYork: Marcel Dekker, 1984.

[50] Marre S, Jensen K F. Synthesis of micro and nanostructures in microfluidic systems[J]. Chem. Soc. Rev. , 2010, 39: 1183.

[51] Reizman B J, Wang Y M, Buchwald S L. Suzuki-Miyaura cross-coupling optimization enabled by automated feedback[J]. React. Chem. Eng. , 2016, 1: 658-666.

[52] Protasova L N, Bulut M, Ormerod D. Latest highlights in liquid-phase reactions for organic synthesis in microreactors[J]. Org. Process Res. Dev. , 2013, 17: 760-791.

[53] Sinkovec E, Krajnc M. Phase transfer catalyzed witting reaction in the microtube reactor under liquid-liquid slug-flow pattern[J]. Org. Process Res. Dev. , 2011, 15: 817-823.

[54] Sheldeon R A, Bekkum H. Fine chemicals Through Heterogeneous Catalysts[M]. Weinheim: Wiley-vch. 2001.

[55] 曾昭琼，等. 有机化学[M]. 北京：高等教育出版社，1993.

[56] 白明章. 有机锂在有机合成中的应用[J]. 化学试剂，1982(04)：46-52.

# 附录

## 附录 1　连续流设备常用材质耐腐蚀性能汇总

(1) 合金元素

① 铬　铬（Cr）具有钝化倾向，加入一定量的铬，可使钢具有良好的抗腐蚀性和抗氧化性。其主要原因是当受到某介质侵蚀时，在钢的表面会形成一层致密的钝化膜（主要成分是 $Cr_2O_3$），这种氧化膜在一定程度上能阻止氧、硫、氮等腐蚀性气体向钢中扩散，也能阻碍金属离子向外扩散，在一定的温度范围内还能形成一层保护性良好的尖晶石型的复合氧化膜，增加了钢的抗高温氧化及耐蚀能力。

钝化状态不是惰性的或静止状态的，而是金属表面不连续点钝化膜连续不断溶解和修补的动态状况。铬浓度从低到高的一系列试验发现，在一个很窄的铬浓度范围内，时常出现腐蚀速度从高到低的突变。钝化所需最小铬含量是酸的类型、浓度及温度的函数，由此得出含铬 14%～18%的合金在多种酸中都具有一定的耐蚀性能。

② 镍　添加足够的镍（Ni）可将合金从体心立方转变成面心立方、奥氏体、非磁性结构，使其具有更好的延展性，即使在非常低的温度下也有高的抗冲击强度，对含有 18% Cr 的合金来说，添加 8% Ni 就能获得完全的奥氏体结构，如 316L。

但在氧化性和还原性酸中，镍的添加事实上可能会增加 Fe-Cr 合金的腐蚀速率。腐蚀试验表明，含 Cr＜16%、Ni 10%的合金比相同 Cr 含量但不含 Ni 的合金腐蚀速率高很多；只有当 Cr 含量超过 16%时，腐蚀才快速减少。在含 10% Ni 的情况下，只有 Cr 含量超过 16%才能改变 Cr 的有害作用，这表明铬和镍之间存在对氢气析出腐蚀的协同作用。

镍基合金对广泛的腐蚀环境，特别是在各种工业加工过程中遇到的腐蚀环境具有有效的抵抗能力。在许多情况下，这些腐蚀条件对不锈钢和超级不锈钢等商业应用材料来说是过于危险而难以应付的。镍本身是一种非常多功能的防腐蚀材料，更重要的是，镍作为合金元素在相当大的成分范围内与气体金属元素具有的冶金相容性，已成为许多二元、三元合金和其他复杂镍基合金体系的基础。

③ 钼　钼（Mo）具有提高不锈钢钝化性的能力，对比 304L 与 316L 的腐蚀数据（附表 1-1），可以明显看出约 2.5% Mo 对腐蚀速率的影响。由于 Mo 是铁素体形成元素，316L 较 304L Ni 含量增加了 3%，以保证奥氏体相结构。另外，钼缩小 γ-Fe 相区，扩大 α-Fe 相区，又是强碳化物形成元素，是提高热强性最有效的合金元素，固溶到基体金属中显著地抑制铁的自扩散，提高钢的再结晶温度，强烈提高铁素体对蠕变的抗力，有效地抑制 450～600℃下渗碳体的聚集，促进弥散状的特殊碳化物析出，起到强化作用，同时，Mo 形成性质优异细小的碳化物可改善钢在高温高压下的抗氢腐蚀作用。

④ 碳　碳是钢中不可或缺的元素，将碳含量降低到在焊接和应力释放操作过程中没有析出物形成，基本上就解决了奥氏体不锈钢中碳化铬的问题。从抗腐蚀的观点来看，超低碳的 316L 不锈钢中，含碳量被降低至 0.03%以下，是为改善钢的抗敏化性能，而这种敏化作用通常会使得钢经焊接或高温下使用之后在晶界产生腐蚀。

(2) 316L 不锈钢

316L 是一种超低碳奥氏体不锈钢，俗称钛钢。其化学成分如附表 1-2 所示。它是经典的 18/8 不锈钢成分改型合金，是为改善耐腐蚀性能而发展的一种铬-镍-钼型超低碳不锈钢。

316L 不锈钢具有优良的耐海水腐蚀、耐晶间腐蚀性能和高温力学性能。钼元素的添加，使得其在许多方面比普通镍铬不锈钢更为优越。如，在非氧化性酸和热的有机酸、氯化物中的耐蚀性要比镍铬不锈钢好，抗孔蚀的能力也有提高。

**附表 1-1　304L 与 316L 在沸腾酸中的全面腐蚀速率对比**

| | 316L/(mm/a) | 304L/(mm/a) |
|---|---|---|
| 1%盐酸 | 71 | 81 |
| 10%硫酸 | 22 | 400 |
| 10%草酸 | 2.4 | 15 |
| 10%硫酸氢钠 | 4.3 | 70 |
| 20%醋酸 | 0.1 | 0.1 |

续表

| | 316L/(mm/a) | 304L/(mm/a) |
|---|---|---|
| 45%甲酸 | 13 | 44 |
| 50%硫酸+硫酸铁 | 0.6 | 0.6 |
| 65%硝酸 | 0.3 | 0.2 |

**附表 1-2 316L 不锈钢化学成分** 单位:%

| C | Si | Mn | P | S | Ni | Cr | Mo | Fe |
|---|---|---|---|---|---|---|---|---|
| ≤0.03 | ≤1.0 | ≤2.00 | ≤0.045 | ≤0.030 | 10.0～14.0 | 16.0～18.0 | 2.0～3.0 | 余量 |

(3) 哈氏合金

哈氏合金 B 系列属于 Ni-Mo 系镍基合金，目前 B-2、B-3、B-4 已推广应用于解决在 70～100℃的温度范围内和所有浓度范围内的氯化氢溶液和湿润氯化氢气体中的腐蚀问题，这些合金对常温到加热至沸点、浓度低于 60%的硫酸，都有非常好的耐蚀性。该种合金唯一的不足是铬元素极少(见附表 1-3)，所以它对氧化性介质的耐蚀性很差，如硝酸、次氯酸等。

**附表 1-3 哈氏合金 B 系列主要牌号的化学成分**

| 合金 (UNS NO.) | C | Mo | Fe | Cr | Ni |
|---|---|---|---|---|---|
| B (N10001) | 0.03% | 28% | 5% | 0.5% | 余量 |
| B-2 (N10665) | 0.005% | 28% | 1.5% | 0.5% | 余量 |
| B-3 (N10675) | 0.005% | 28% | 1.5% | 1.5% | 余量 |
| B-4 (N10629) | 0.005% | 28% | 3.2% | 1.3% | 余量 |
| B-10 (N10624) | 0.005% | 24% | 6% | 8% | 余量 |

哈氏合金 C 系列属于高性能的 Ni-Cr-Mo 合金，通过优化 Ni-Cr 合金形成抗氧化性介质的合金，通过优化 Ni-Mo 合金形成优秀抗还原性介质的材料，两类成分结合的结果形成通用抗腐蚀性材料哈氏合金 C 系列。它在低 pH 值、高氯化物、氧化性环境中有很好的抗点腐蚀和缝隙腐蚀的能力，并可完全避免应力腐蚀破裂。

C 系列里的合金，都有较高含量的铬 (见附表 1-4)，它们对氧化性环境的耐蚀性极强，但它们缺少足够高的钼含量以抵抗在氯化氢和硫酸介质中的还原性环境。

作为 C 合金家族和 B 合金家族的中间物，B-10 含有钼的量明显高于 C 合金，但比 B 合金略低一些，同时铬和铁含量分别提高至 8%和 6%，以抵抗氧化性物质的腐蚀。

附表 1-4 哈氏合金 C 系列主要牌号的化学成分

| 合金（UNS NO.） | W | Mo | Fe | Cr | 其他 | Ni |
|---|---|---|---|---|---|---|
| C（N10002） | 4% | 16% | 6% | 16% | — | 余量 |
| C-276（N10276） | 4% | 16% | 5% | 16% | — | 余量 |
| C-22/622（N06022） | 3% | 13% | 3% | 21% | — | 余量 |
| C-4（N06455） | — | 16% | 2% | 16% | Ti | 余量 |
| C-2000（N06200） | — | 16% | 2% | 23% | Cu | 余量 |

一般来说，哈氏合金 B/C 的各项耐蚀性能都要远远优于 316L 不锈钢，但由于其中的高合金含量和其他必要的热加工过程，使得它比传统的 300 系列的不锈钢昂贵很多。因此，此种金属只在不锈钢不适合使用或对产品纯度和安全性有特殊要求时才会被使用。

(4) 碳化硅

碳化硅（SiC）是共价键极强的化合物，在高温状态下仍可以保持高的键合强度，高温变形小。它的导热性能特别好，热导率远高于其他耐腐蚀材料，如钽、不锈钢、锆、钛、哈氏合金等金属，常温下的导热系数便高达 117W/(m·K)，故在同样的换热面积下具有更高的换热效率。它最突出的特点是具有极高的耐腐蚀、抗氧化和耐冲蚀性能，可耐高浓度硫酸、硝酸、磷酸、混酸、强碱、氧化剂等。值得一提的是，它也是唯一可耐氢氟酸腐蚀的陶瓷材料，高纯碳化硅陶瓷一般可以用于 150℃以下的加压氢氟酸，也可在 700～800℃的氯气中使用，这都是其他陶瓷所不具备的特性。它在一些常用强腐蚀介质中的腐蚀速率如附表 1-5 所示，在微反应器中，它一般用于哈氏合金不适用的介质条件。

附表 1-5 碳化硅在常用强腐蚀介质中的全面腐蚀速率

|  | 温度/℃ | SiC 腐蚀速率/[(mg/cm$^2$)/a] |
|---|---|---|
| 10%氢氟酸+硝酸 | 25 | 0.05 |
| 10%氢氟酸+硝酸 | 120 | 1.25 |
| 37%盐酸 | 25 | 0.07 |
| 45%氢氧化钾 | 100 | 0.04 |
| 50%氢氧化钠 | 100 | 1.25 |
| 54%氢氟酸 | 25 | 0.06 |
| 70%硝酸 | 86 | 0.04 |
| 98%硫酸 | 100 | 0.98 |

(5) 特殊材质

① 钛及钛合金　钛（Ti）是一种多用途的结构金属，近十几年来，在尿素、氯碱、石油炼制等生产设备中逐渐替代了不锈钢和镍基合金，只要选材合理，大多数钛制设备的使用寿命都很长。

钛的常用牌号很多，TA1～TA4 属于工业纯钛，TA5～TA7 属于钛-铝合金（主要用于航空航天），TA8～TA9 属于钛-钯合金，TA10 属于钛-钼-镍合金。在这些类别中，Ti-6Al-4V 是最为典型的钛合金，其应用占到了 50%以上，而剩余的 20%～30%则是未合金化的工业纯钛。因此，从价格、成分、耐受性、制造加工等方面综合考虑，在化工行业中应用最广的分别为工业纯钛 TA2、钛-钯合金 TA9 及钛-钼-镍合金 TA10（附表 1-6）。

**附表 1-6　化工行业常用钛及钛合金的化学成分**

| 合金(UNS NO.) | Pd | Mo | Ni | Fe | C | N | H | O | Ti |
|---|---|---|---|---|---|---|---|---|---|
| TA2(Gr. 2) | — | — | — | 0.3% | 0.08% | 0.03% | 0.015% | 0.25% | 余量 |
| TA9(Gr. 7) | 0.12%～0.25% | — | — | 0.3% | 0.08% | 0.03% | 0.015% | 0.25% | 余量 |
| TA10(Gr. 12) | — | 0.2%～0.4% | 0.6%～0.9% | 0.3% | 0.08% | 0.03% | 0.015% | 0.25% | 余量 |

纯钛质地偏软，工业纯钛是在纯钛里加入了氧元素，以此提高了强度，因此含氧量也是各级别工业纯钛的主要差别。TA2 是工业化纯钛中的基本牌号，耐蚀性和综合力学性能适中，在化学工业中应用最为广泛。在其基础上发展出的 TA1 降低了铁和氧的含量，增加了塑形和耐蚀性，TA3 则是增加了铁、氮、氧的含量，降低了耐蚀性，但增大了耐磨性和强度。

TA2 在还原性酸溶液中一般不具有耐蚀性，因此在钛中加入钯元素，不但可使其在还原性介质中具有一定的耐腐蚀性，还可以改善高氯离子介质中的抗缝隙腐蚀能力。实验数据显示，TA9 在沸腾的 5%硫酸中，能够使腐蚀速率从 48.26mm/a 降低到 0.508mm/a，耐蚀性能提高约 95 倍。但钯属于贵金属，造成 TA9 价格太高，因此常常优先选用 TA10。TA10 是 20 世纪 70 年代研发成功的抗缝隙腐蚀的钛合金，性能与 TA9 相近，尤其在 150～200℃的氯化物介质中不发生任何缝隙腐蚀。

② 锆及锆合金　锆（Zr）属于钝化型金属，它超强的耐蚀性与铌、钽类似，比钼、钨、钛、镍更好，在大多数有机酸（醋酸、甲酸等）、无机酸（盐酸、硝酸、硫酸、氢卤酸等）、强碱和某些熔融盐中的效果都是非常理想的。通常锆矿石中都含有铪（Hf），从中将其分离很困难且成本较高，

除了核工业锆要求去除以外，工业锆一般都是由 95.5%～99.2%的锆和铪混合组成，铪元素最高含量为 4.5%。由于铪不会明显改变锆的力学性能和耐蚀性，且可以极大地降低成本，因此工业锆在化学工业中比较常用，尤其是 Zr-1(R60700) 与 Zr-3(R60702)，合金成分如附表 1-7 所示。

**附表 1-7　化工行业常用锆合金的化学成分**

| 合金（UNS NO.） | Zr+Hf | Hf | Fe+Cr | C | N | H | O |
|---|---|---|---|---|---|---|---|
| Zr-1（R60700） | ≥99.2% | ≤4.5% | ≤0.2% | 0.05% | 0.025% | 0.005% | 0.10% |
| Zr-3（R60702） | ≥99.2% | ≤4.5% | ≤0.2% | 0.05% | 0.025% | 0.005% | 0.16% |

(6) 常见介质的耐受范围

常用合金在常见介质中的耐腐蚀性能如附表 1-8 所示。需要注意的是表中的适用范围仅针对单一介质而言，混合介质并不适用。一般来说，腐蚀情况取决于材料化学成分、材料热加工过程形成的显微组织、合金/环境界面发生的各种反应和环境本身的化学特性，因此，具体情况需具体分析。

**附表 1-8　常用合金的耐腐蚀性能**

| 材料 | 化学环境 | 使用场合 | 浓度/% | 使用温度/℃ |
|---|---|---|---|---|
| 锆 | 无机酸 | 硫酸 | <30 | <160 |
| | | 硝酸 | <100 | <100 |
| | | 盐酸 | <40 | <100 |
| | | 磷酸 | <85 | <100 |
| | | 氢溴酸 | <10 | <25 |
| | 有机酸 | 甲酸 | <100 | <100 |
| | | 醋酸 | <100 | <100 |
| | | 醋酸酐 | <100 | <100 |
| | | 苯甲酸 | <80 | <100 |
| | 碱 | 氢氧化钾 | <60 | 沸点 |
| | | 氢氧化钠 | <70 | <100 |
| | 盐及其他 | 氯化铵 | <40 | <100 |
| | | 氯化钠 | <饱和 | 沸点 |
| | | 次氯酸钠 | <20 | <100 |
| | | 氯化亚铁 | <50 | <100 |
| | | 液氯 | <100 | <100 |
| | | 液溴 | <100 | <25 |
| | | 三氯化磷 | <100 | <25 |

续表

| 材料 | 化学环境 | 使用场合 | 浓度/% | 使用温度/℃ |
|---|---|---|---|---|
| 316L | 无机酸 | 硫酸 | <30 | ≤25 |
| | | 硫酸 | 90～100 | ≤25 |
| | | 硝酸 | 100 | ≤25 |
| | | 磷酸 | <85 | ≤120 |
| | | 氢氟酸（无水） | 100 | ≤25 |
| | | 氢溴酸（无水） | 100 | ≤200 |
| | 有机酸 | 醋酸 | — | ≤150 |
| | | 丙烯酸 | <100 | ≤50 |
| | | 丙烯酸 | 100 | ≤100 |
| | | 丁酸 | — | ≤130 |
| | | 己酸 | — | ≤285 |
| | | 月桂酸 | — | ≤70 |
| | | 软脂酸 | — | ≤316 |
| | | 硬脂酸 | — | ≤250 |
| | | 亚油酸 | — | ≤150 |
| | | 酮酸 | — | ≤285 |
| | | 苯甲酸 | 100 | ≤300 |
| | | 苯磺酸 | 30～40，100 | ≤25 |
| | | 环烷酸 | — | ≤370 |
| 哈氏合金B | 无机酸 | 硫酸 | — | ≤100 |
| | | 发烟硫酸 | — | ≤50 |
| | | 盐酸 | ≤10 | ≤150 |
| | | 盐酸 | <40 | <80 |
| | | 氢氟酸 | — | ≤50 |
| | | 氢溴酸 | <60 | ≤100 |
| 哈氏合金C | 无机酸 | 硝酸 | <70 | ≤80 |
| | | 发烟硫酸 | — | <100 |
| | | 硫酸 | 100 | ≤150 |
| | | 磷酸 | <40 | ≤25 |
| 哈氏合金B/C | 有机酸 | 脂肪酸 | — | ≤400 |
| | | 甲酸 | — | ≤150 |
| | | 醋酸 | 100 | <200 |
| | | 环烷酸 | — | ≤316 |
| | | 苯甲酸 | 100 | ≤260 |

# 附录 2 气体质量流量转换系数表

| 气体 | 比热容/[cal/(g·℃)] | 密度/(g/L) | 转换系数 |
| --- | --- | --- | --- |
| 空气 | 0.24 | 1.293 | 1.001 |
| Ar | 0.125 | 1.7837 | 1.407 |
| $AsH_3$ | 0.1168 | 3.478 | 0.673 |
| $BBr_3$ | 0.0647 | 11.18 | 0.378 |
| $BCl_3$ | 0.1217 | 5.227 | 0.43 |
| $BF_3$ | 0.1779 | 3.025 | 0.508 |
| $B_2H_6$ | 0.502 | 1.235 | 0.441 |
| $CCl_4$ | 0.1297 | 6.86 | 0.307 |
| $CF_4$ | 0.1659 | 3.9636 | 0.428 |
| $CH_4$ | 0.5318 | 0.715 | 0.719 |
| $C_2H_2$ | 0.4049 | 1.162 | 0.581 |
| $C_2H_4$ | 0.3658 | 1.251 | 0.597 |
| $C_2H_6$ | 0.4241 | 1.342 | 0.48 |
| $C_3H_4$ | 0.3633 | 1.787 | 0.421 |
| $C_3H_6$ | 0.3659 | 1.877 | 0.398 |
| $C_3H_8$ | 0.399 | 1.967 | 0.348 |
| $C_4H_6$ | 0.3515 | 2.413 | 0.322 |
| $C_4H_8$ | 0.3723 | 2.503 | 0.293 |
| $C_4H_{10}$ | 0.413 | 2.593 | 0.255 |
| $CH_3OH$ | 0.3277 | 1.43 | 0.583 |
| $C_2H_6O$ | 0.3398 | 2.005 | 0.391 |
| $C_2H_3Cl_3$ | 0.1654 | 5.95 | 0.278 |
| CO | 0.2488 | 1.25 | 0.999 |
| $CO_2$ | 0.2017 | 1.964 | 0.737 |
| $C_2N_2$ | 0.2608 | 2.322 | 0.451 |
| $Cl_2$ | 0.1145 | 3.163 | 0.858 |
| $D_2$ | 1.7325 | 0.1798 | 0.997 |
| $F_2$ | 0.197 | 1.695 | 0.93 |

续表

| 气体 | 比热容/[cal/(g·℃)] | 密度/(g/L) | 转换系数 |
|---|---|---|---|
| $GeCl_4$ | 0.1072 | 9.565 | 0.267 |
| $GeH_4$ | 0.1405 | 3.418 | 0.569 |
| $H_2$ | 3.4224 | 0.0899 | 1.01 |
| HBr | 0.0861 | 3.61 | 0.999 |
| HCl | 0.1911 | 1.627 | 0.999 |
| HF | 0.3482 | 0.893 | 0.999 |
| HI | 0.0545 | 5.707 | 0.999 |
| $H_2S$ | 0.2278 | 1.52 | 0.843 |
| He | 1.2418 | 0.1786 | 1.414 |
| Kr | 0.0593 | 3.739 | 1.415 |
| $N_2$ | 0.2486 | 1.25 | 1 |
| Ne | 0.2464 | 0.9 | 1.415 |
| $NH_3$ | 0.5005 | 0.76 | 0.719 |
| NO | 0.2378 | 1.339 | 0.975 |
| $NO_2$ | 0.1923 | 2.052 | 0.74 |
| $N_2O$ | 0.2098 | 1.964 | 0.709 |
| $O_2$ | 0.2196 | 1.427 | 0.991 |
| $PCl_3$ | 0.1247 | 6.127 | 0.358 |
| $PH_3$ | 0.261 | 1.517 | 0.69 |
| $PF_5$ | 0.1611 | 5.62 | 0.302 |
| $POCl_3$ | 0.1324 | 6.845 | 0.302 |
| $SiCl_4$ | 0.127 | 7.5847 | 0.284 |
| $SiF_4$ | 0.1692 | 4.643 | 0.348 |
| $SiH_4$ | 0.3189 | 1.433 | 0.598 |
| $SiH_2Cl_2$ | 0.1472 | 4.506 | 0.412 |
| $SiHCl_3$ | 0.1332 | 6.043 | 0.34 |
| $SF_6$ | 0.1588 | 6.516 | 0.264 |
| $SO_2$ | 0.1489 | 2.858 | 0.686 |
| $TiC_4$ | 0.1572 | 8.465 | 0.205 |
| $WF_6$ | 0.0956 | 13.29 | 0.215 |
| Xe | 0.0379 | 5.858 | 1.413 |

注：1cal≈4.186J。

# 附录3 Antoine常数表

| 物质 | 化学式 | 适用范围/℃ | $A$ | $B$ | $C$ |
|---|---|---|---|---|---|
| 银 | Ag | 1650～1950 | — | 250 | 8.76 |
| 氯化银 | AgCl | 1255～1442 | — | 185.5 | 8.179 |
| 三氯化铝 | $AlCl_3$ | 70～190 | — | 115 | 16.24 |
| 氧化铝 | $Al_2O_3$ | 1840～2200 | — | 540 | 14.22 |
| 砷 | As | 440～815 | — | 133 | 10.8 |
| | | 800～860 | — | 47.1 | 6.692 |
| 三氧化二砷 | $As_2O_3$ | 100～310 | — | 111.35 | 12.127 |
| | | 315～490 | — | 52.12 | 6.513 |
| 氩 | Ar | −207.62～−189.19 | — | 7.8145 | 7.5741 |
| 金 | Au | 2315～2500 | — | 385 | 9.853 |
| 三氯化硼 | $BCl_3$ | — | 6.18811 | 756.89 | 214 |
| 钡 | Ba | 930～1130 | — | 350 | 15.765 |
| 铋 | Bi | 1210～1420 | — | 200 | 8.876 |
| 溴 | $Br_2$ | — | 6.83298 | 113 | 228 |
| 碳 | C | 3880～4430 | — | 540 | 9.596 |
| 二氧化碳 | $CO_2$ | — | 9.64177 | 1284.07 | 268.432 |
| 二硫化碳 | $CS_2$ | −10～160 | 6.85145 | 1122.5 | 236.46 |
| 一氧化碳 | CO | −210～−160 | 6.2402 | 230.274 | 260 |
| 四氯化碳 | $CCl_4$ | — | 6.9339 | 1242.43 | 230 |
| 钙 | Ca | 500～700 | — | 195 | 9.697 |
| | | 960～1100 | — | 370 | 16.24 |
| 镉 | Cd | 150～320.9 | — | 109 | 8.564 |
| | | 500～840 | — | 99.9 | 7.897 |
| 氯 | $Cl_2$ | — | 6.86773 | 821.107 | 240 |
| 二氧化氯 | $ClO_2$ | −59～11 | — | 27.26 | 7.893 |
| 钴 | Co | 2374 | — | 309 | 7.571 |
| 铯 | Cs | 200～230 | — | 73.4 | 6.949 |
| 铜 | Cu | 2100～2310 | — | 468 | 12.344 |
| 氯化亚铜 | $Cu_2Cl_2$ | 878～1369 | — | 80.7 | 5.454 |

续表

| 物质 | 化学式 | 适用范围/℃ | $A$ | $B$ | $C$ |
|---|---|---|---|---|---|
| 铁 | Fe | 2220～2450 | — | 309 | 7.482 |
| 氯化亚铁 | $FeCl_2$ | 700～930 | — | 135.2 | 8.33 |
| 氢 | $H_2$ | －259.2～－248 | 5.92088 | 71.615 | 276.337 |
| 氟化氢 | HF | －55～105 | 8.38036 | 1952.55 | 335.52 |
| 氯化氢 | HCl | －127～－60 | 7.06145 | 710.584 | 255 |
| 溴化氢 | HBr | －120～－87 | 8.4622 | 1112.4 | 270 |
|  |  | －120～－60 | 6.88059 | 732.68 | 250 |
| 碘化氢 | HI | －97～－51 | — | 24.16 | 8.259 |
|  |  | －50～－34 | — | 21.58 | 7.63 |
| 氰化氢 | HCN | －85～－40 | 7.80196 | 1425 | 265 |
|  |  | －40～70 | 7.29761 | 1206.79 | 247.532 |
| 过氧化氢 | $H_2O_2$ | 10～90 | — | 48.53 | 8.853 |
| 水 | $H_2O$ | 0～60 | 8.10765 | 1750.286 | 235 |
|  |  | 60～150 | 7.96681 | 1668.21 | 228 |
| 硒化氢 | $H_2Se$ | 66～－26 | — | 20.21 | 7.431 |
| 硫化氢 | $H_2S$ | －110～83 | — | 20.69 | 7.88 |
| 碲化氢 | $H_2Te$ | －46～0 | — | 22.76 | 7.26 |
| 氦 | He | — | 16.1313 | 282.126 | 290 |
| 汞 | Hg | 100～200 | 7.46905 | 1771.898 | 244.831 |
|  |  | 200～300 | 7.7324 | 3003.68 | 262.482 |
|  |  | 300～400 | 7.69059 | 2958.841 | 258.46 |
|  |  | 400～800 | 7.7531 | 3068.195 | 273.438 |
| 氯化汞 | $HgCl_2$ | 60～130 | — | 85.03 | 10.888 |
|  |  | 130～270 | — | 78.85 | 10.094 |
|  |  | 275～309 | — | 61.02 | 8.409 |
| 氯化亚汞 | $Hg_2Cl_2$ | — | 8.52151 | 3110.96 | 168 |
| 碘 | $I_2$ | — | 7.26304 | 1697.87 | 204 |
| 钾 | K | 260～760 | — | 84.9 | 7.183 |
| 氟化钾 | KF | 1278～1500 | — | 207.5 | 9 |
| 氯化钾 | KCl | 690～1105 | — | 174.5 | 8.3526 |
|  |  | 1116～1418 | — | 169.7 | 8.13 |
| 溴化钾 | KBr | 906～1063 | — | 168.1 | 8.247 |
|  |  | 1095～1375 | — | 163.8 | 7.936 |

续表

| 物质 | 化学式 | 适用范围/℃ | $A$ | $B$ | $C$ |
|---|---|---|---|---|---|
| 碘化钾 | KI | 843～1028 | — | 157.6 | 8.0957 |
| | | 1063～1333 | — | 155.7 | 7.949 |
| 氢氧化钾 | KOH | 1170～1327 | — | 136 | 7.33 |
| 氪 | Kr | −188.7～−169 | — | 10.065 | 7.177 |
| 氟化锂 | LiF | 1398～1666 | — | 218.4 | 8.753 |
| 镁 | Mg | 900～1070 | — | 260 | 12.993 |
| 锰 | Mn | 1510～1900 | — | 267 | 9.3 |
| 钼 | Mo | 1800～2240 | — | 680 | 10.844 |
| 氮 | $N_2$ | −210～−180 | 6.86606 | 308.365 | 273.2 |
| 一氧化氮 | NO | −200～161 | — | 16.423 | 10.084 |
| | | −163.7～148 | — | 13.04 | 8.44 |
| 三氧化二氮 | $N_2O_3$ | −25～0 | — | 39.4 | 10.3 |
| 四氧化二氮 | $N_2O_4$ | −100～−40 | — | 55.16 | 13.4 |
| | | −40～−10 | — | 45.44 | 11.214 |
| 五氧化二氮 | $N_2O_5$ | −30～30 | — | 57.18 | 12.647 |
| 氯化亚硝酰 | NOCl | −61.5～−5.4 | — | 25.5 | 7.87 |
| 肼 | $N_2H_4$ | −10～39 | 8.2623 | 1881.6 | 238 |
| | | 39～250 | 7.77306 | 1620 | 218 |
| 钠 | Na | 180～883 | — | 103.3 | 7.553 |
| 氟化钠 | NaF | 1562～1701 | — | 218.2 | 8.64 |
| 氯化钠 | NaCl | 976～1155 | — | 180.3 | 8.3297 |
| | | 1562～1430 | — | 185.8 | 8.548 |
| 溴化钠 | NaBr | 1138～1394 | — | 161.6 | 4.948 |
| 碘化钠 | NaI | 1063～1307 | — | 165.1 | 8.371 |
| 氰化钠 | NaCN | 800～1360 | — | 155.52 | 7.472 |
| 氢氧化钠 | NaOH | 1010～1402 | — | 132 | 7.03 |
| 氖 | Ne | — | 7.57352 | 183.34 | 285 |
| 镍 | Ni | 2360 | — | 309 | 7.6 |
| 四羰基镍 | $Ni(CO)_4$ | 2～40 | — | 29.8 | 7.78 |
| 氧 | $O_2$ | −210～−160 | 6.98983 | 370.757 | 273.2 |
| 臭氧 | $O_3$ | — | 6.72602 | 566.95 | 260 |
| 磷（白磷） | P | 20～44.1 | — | 63.123 | 9.6511 |
| 磷（紫磷） | P | 380～590 | — | 108.51 | 11.0842 |

续表

| 物质 | 化学式 | 适用范围/℃ | $A$ | $B$ | $C$ |
|---|---|---|---|---|---|
| 磷化氢 | $PH_3$ | — | 6.70101 | 643.72 | 256 |
| 铅 | Pb | 525～1325 | — | 188.5 | 7.827 |
| 氯化铅 | $PbCl_2$ | 500～950 | — | 141.9 | 8.961 |
| 铂 | Pt | 1425～1765 | — | 486 | 7.786 |
| 铷 | Rb | 250～370 | — | 76 | 6.976 |
| 氡 | Rn | — | 6.6964 | 717.986 | 250 |
| 硫 | S | — | 6.69535 | 2285.37 | 155 |
| 二氧化硫 | $SO_2$ | — | 7.32776 | 1022.8 | 240 |
| 三氧化硫 | $SO_3$ | 24～48 | — | 43.45 | 10.022 |
| 锑 | Sb | 1070～1325 | — | 189 | 9.051 |
| 三氯化锑 | $SbCl_3$ | 170～253 | — | 49.44 | 8.09 |
| 硒 | Se | — | 6.96158 | 3256.55 | 110 |
| 二氧化硒 | $SeO_2$ | — | 6.57781 | 1879.81 | 179 |
| 硅 | Si | 1200～1320 | — | 170 | 5.95 |
| 四氯化硅 | $SiCl_4$ | −70～5 | — | 30.1 | 7.644 |
| 甲硅烷 | $SiH_4$ | −160～112 | — | 12.69 | 6.996 |
| 二氧化硅 | $SiO_2$ | 1860～2230 | — | 506 | 13.43 |
| 锡 | Sn | 1950～2270 | — | 328 | 9.643 |
| 四氯化锡 | $SnCl_4$ | −52～−38 | — | 46.74 | 9.824 |
| 锶 | Sr | 940～1140 | — | 360 | 16.056 |
| 铊 | Tl | 950～1200 | — | 120 | 6.14 |
| 钨 | W | 2230～2770 | — | 897 | 9.92 |
| 氙 | Xe | — | 6.6788 | 573.48 | 260 |
| 锌 | Zn | 250～419.4 | — | 133 | 9.2 |
| 甲烷 | $CH_4$ | 固体 | 7.6954 | 532.2 | 275 |
| | | 液体 | 6.61184 | 339.93 | 266 |
| 氯甲烷 | $CH_3Cl$ | −47～−10 | — | 21.988 | 7.481 |
| 三氯甲烷 | $CHCl_3$ | −30～150 | 6.90328 | 1163.03 | 227.4 |
| 二苯基甲烷 | $C_{13}H_{12}$ | 217～283 | — | 52.36 | 7.967 |
| 氯溴甲烷 | $CH_2ClBr$ | −10～155 | 6.92776 | 1165.59 | 220 |
| 硝基甲烷 | $CH_3O_2N$ | 47～100 | — | 39.914 | 8.033 |
| 乙烷 | $C_2H_6$ | — | 6.80266 | 656.4 | 256 |

续表

| 物质 | 化学式 | 适用范围/℃ | *A* | *B* | *C* |
| --- | --- | --- | --- | --- | --- |
| 氯乙烷 | $C_2H_5Cl$ | 65～70 | 6.8027 | 949.62 | 230 |
| 溴乙烷 | $C_2H_5Br$ | −50～130 | 6.89285 | 1083.8 | 231.7 |
| 1,2-二氯乙烷 | $C_2H_4Cl_2$ | — | 7.18431 | 1358.46 | 232.2 |
| 1,2-二溴乙烷 | $C_2H_4Br_2$ | — | 7.06245 | 1469.7 | 220.1 |
| 环氧乙烷 | $C_2H_4O$ | −70～100 | 7.40783 | 1181.31 | 250.6 |
| 偏二氯乙烷 | $C_2H_2Cl_2$ | 0～30 | — | 31.706 | 7.909 |
| 1,1,2-三氯乙烷 | $C_2H_3Cl_3$ | — | 6.85189 | 1262.57 | 205.17 |
| 丙烷 | $C_3H_8$ | — | 6.82973 | 813.2 | 248 |
| 正氯丙烷 | $C_3H_7Cl$ | 0～50 | — | 28.894 | 7.593 |
| 环氧丙烷（1,2） | $C_3H_6O$ | −35～130 | 7.06492 | 1113.6 | 232 |
| 正丁烷 | $C_4H_{10}$ | — | 6.83029 | 945.9 | 240 |
| 异丁烷 | $C_4H_{10}$ | — | 6.74808 | 882.8 | 240 |
| 正戊烷 | $C_5H_{12}$ | — | 6.85221 | 1064.63 | 232 |
| 异戊烷 | $C_5H_{12}$ | — | 6.78967 | 1020.012 | 233.097 |
| 环戊烷 | $C_5H_{10}$ | — | 6.88676 | 1124.162 | 231.361 |
| 正己烷 | $C_6H_{14}$ | — | 6.87776 | 1171.53 | 224.366 |
| 环己烷 | $C_6H_{12}$ | −50～200 | 6.84498 | 1203.526 | 222.863 |
| 正庚烷 | $C_7H_{16}$ | — | 6.9024 | 1268.115 | 216.9 |
| 正辛烷 | $C_8H_{18}$ | −20～40 | 7.372 | 1587.81 | 230.07 |
|  |  | 20～200 | 6.92374 | 1355.126 | 209.517 |
| 异辛烷(2-甲基庚烷) | $C_8H_{18}$ | — | 6.91735 | 1337.468 | 213.963 |
| 正壬烷 | $C_9H_{20}$ | −10～60 | 7.2643 | 1607.12 | 217.54 |
|  |  | 60～230 | 6.93513 | 1428.811 | 201.619 |
| 正癸烷 | $C_{10}H_{22}$ | 10～80 | 7.31509 | 1705.6 | 212.59 |
|  |  | 70～260 | 6.95367 | 1501.268 | 194.48 |
| 正十一烷 | $C_{11}H_{24}$ | 15～100 | 7.3685 | 1803.9 | 208.32 |
|  |  | 100～310 | 6.97674 | 1566.65 | 187.48 |
| 正十二烷 | $C_{12}H_{26}$ | 5～120 | 7.35518 | 1867.55 | 202.59 |
|  |  | 115～320 | 6.98059 | 1625.928 | 180.311 |
| 正十三烷 | $C_{13}H_{28}$ | 15～132 | 7.536 | 2016.19 | 203.02 |
|  |  | 132～330 | 6.9887 | 1677.43 | 172.9 |

续表

| 物质 | 化学式 | 适用范围/℃ | *A* | *B* | *C* |
|---|---|---|---|---|---|
| 正十四烷 | $C_{14}H_{30}$ | 15～145 | 7.6133 | 2133.75 | 200.8 |
| | | 145～340 | 6.9957 | 1725.46 | 165.75 |
| 正十五烷 | $C_{15}H_{32}$ | 15～160 | 7.6991 | 2242.42 | 198.72 |
| | | 160～350 | 7.0017 | 1768.42 | 158.49 |
| 正十六烷 | $C_{16}H_{34}$ | — | 7.03044 | 1831.317 | 154.528 |
| 正十七烷 | $C_{17}H_{36}$ | 20～190 | 7.8369 | 2440.2 | 194.59 |
| | | 190～320 | 7.0115 | 1847.12 | 145.52 |
| 正十八烷 | $C_{18}H_{38}$ | 20～200 | 7.9117 | 2542 | 193.4 |
| | | 200～350 | 7.0156 | 1883.73 | 139.46 |
| 正十九烷 | $C_{19}H_{40}$ | 20～40 | 8.7262 | 3041.1 | 207.3 |
| | | 160～410 | 7.0192 | 1916.96 | 131.66 |
| 正二十烷 | $C_{20}H_{42}$ | 25～223 | 8.7603 | 3113 | 204.07 |
| | | 223～420 | 7.0225 | 1948.7 | 127.8 |
| 乙烯 | $C_2H_4$ | — | 6.74756 | 585 | 255 |
| 氯乙烯 | $C_2H_3Cl$ | −11～50 | 6.49712 | 783.4 | 230 |
| 1,1,2-三氯乙烯 | $C_2HCl_3$ | — | 7.02808 | 1315.04 | 230 |
| 苯乙烯 | $C_8H_8$ | — | 6.92409 | 1420 | 206 |
| 丙烯 | $C_3H_6$ | — | 6.8196 | 785 | 247 |
| 1-丁烯 | $C_4H_8$ | — | 6.8429 | 926.1 | 240 |
| 顺-2-丁烯 | $C_4H_8$ | — | 6.86926 | 960.1 | 237 |
| 反-2-丁烯 | $C_4H_8$ | — | 6.86952 | 960.8 | 240 |
| 2-甲基丙烯 | $C_4H_8$ | — | 6.84134 | 923.2 | 240 |
| 1,2-丁二烯 | $C_4H_6$ | −60～80 | 7.1619 | 1121 | 251 |
| 1,3-丁二烯 | $C_4H_6$ | −80～65 | 6.85941 | 935.531 | 239.554 |
| 2-甲基-1,3-丁二烯 | $C_5H_8$ | −50～95 | 6.90334 | 1080.966 | 234.668 |
| 乙炔 | $C_2H_2$ | −140～−82 | — | 21.914 | 8.933 |
| 甲醇 | $CH_4O$ | −20～140 | 7.87863 | 1473.11 | 230 |
| 苯甲醇 | $C_7H_8O$ | 20～113 | 7.81844 | 1950.3 | 194.36 |
| | | 113～300 | 6.95916 | 1461.64 | 153 |
| 乙醇 | $C_2H_6O$ | — | 8.04494 | 1554.3 | 222.65 |
| 正丙醇 | $C_3H_8O$ | — | 7.99733 | 1569.7 | 209.5 |

续表

| 物质 | 化学式 | 适用范围/℃ | $A$ | $B$ | $C$ |
| --- | --- | --- | --- | --- | --- |
| 异丙醇 | $C_3H_8O$ | 0～113 | 6.6604 | 813.055 | 132.93 |
| 正丁醇 | $C_4H_{10}O$ | 75～117.5 | — | 46.774 | 9.1362 |
| 叔丁醇 | $C_4H_{10}O$ | — | 8.13596 | 1582.4 | 218.9 |
| 乙二醇 | $C_2H_6O_2$ | 25～112 | 8.2621 | 2197 | 212 |
|  |  | 112～340 | 7.8808 | 1957 | 193.8 |
| 乙醛 | $C_2H_4O$ | −75～−45 | 7.3839 | 1216.8 | 250 |
|  |  | −45～70 | 6.81089 | 992 | 230 |
| 丙酮 | $C_3H_6O$ | — | 7.02447 | 1161 | 224 |
| 二乙基酮 | $C_5H_{10}O$ | — | 6.85791 | 1216.3 | 204 |
| 甲乙酮 | $C_4H_3O$ | — | 6.97421 | 1209.6 | 216 |
| 甲酸 | $CH_2O_2$ | — | 6.94459 | 1295.26 | 218 |
| 苯甲酸 | $C_7H_6O_2$ | 60～110 | — | 63.82 | 9.033 |
| 乙酸 | $C_2H_4O_2$ | 0～36 | 7.80307 | 1651.2 | 225 |
|  |  | 36～170 | 7.18807 | 1416.7 | 211 |
| 丙酸 | $C_3H_6O_2$ | 0～60 | 7.71553 | 1690 | 210 |
|  |  | 60～185 | 7.35027 | 1497.775 | 194.12 |
| 正丁酸 | $C_4H_8O_2$ | 0～82 | 7.85941 | 1800.7 | 200 |
|  |  | 82～210 | 7.38423 | 1542.6 | 179 |
| 月硅酸 | $C_{12}H_{24}O_2$ | 164～205 | — | 74.386 | 9.768 |
| 十四烷酸 | $C_{14}H_{28}O_2$ | 190～224 | — | 75.783 | 9.541 |
| 乙酐 | $C_4H_6O_3$ | 100～140 | — | 45.585 | 8.688 |
| 顺丁烯二酸酐 | $C_4H_2O_3$ | 60～160 | — | 46.34 | 7.825 |
| 邻苯二甲酸酐 | $C_3H_4O_3$ | 160～285 | — | 54.92 | 8.022 |
| 醋酸乙酯 | $C_4H_8O_2$ | −20～150 | 7.09808 | 1238.71 | 217 |
| 甲酸乙酯 | $C_3H_6O_2$ | −30～235 | 7.117 | 1176.6 | 223.4 |
| 醋酸甲酯 | $C_3H_6O_2$ | — | 7.20211 | 1232.83 | 228 |
| 苯甲酸甲酯 | $C_8H_8O_2$ | 25～100 | 7.4312 | 1871.5 | 213.9 |
|  |  | 100～260 | 7.07832 | 1656.25 | 95.23 |
| 甲酸甲酯 | $C_2H_4O_2$ | — | 7.13623 | 1111 | 229.2 |
| 水杨酸甲酯 | $C_8H_8O_3$ | 175～215 | — | 48.67 | 8.008 |
| 氨基甲酸乙酯 | $C_3H_7O_2N$ | — | 7.42164 | 1758.21 | 205 |

续表

| 物质 | 化学式 | 适用范围/℃ | *A* | *B* | *C* |
|---|---|---|---|---|---|
| 甲醚 | $C_2H_6O$ | — | 6.73669 | 791.184 | 230 |
| 苯甲醚 | $C_7H_8O$ | — | 6.98926 | 1453.6 | 200 |
| 二苯醚 | $C_{12}H_{10}O$ | 25～147 | 7.4531 | 2115.2 | 206.8 |
| | | 147～325 | 7.09894 | 1871.92 | 185.84 |
| 甲乙醚 | $C_3H_8O$ | 0～25 | — | 26.262 | 7.769 |
| 乙醚 | $C_4H_{10}O$ | — | 6.78574 | 994.195 | 210.2 |
| 甲胺 | $CH_5N$ | −93～−45 | 6.91831 | 883.054 | 223.122 |
| | | −45～50 | 6.91205 | 838.116 | 224.267 |
| 二甲胺 | $C_2H_7N$ | −80～−30 | 7.42061 | 1085.7 | 233 |
| | | −30～65 | 7.18553 | 1008.4 | 227.353 |
| 三甲胺 | $C_3H_9N$ | −90～−40 | 7.01174 | 1014.2 | 243.1 |
| | | −60～850 | 6.81628 | 937.49 | 235.35 |
| 乙胺 | $C_2H_7N$ | −70～−20 | 7.09137 | 1019.7 | 225 |
| | | −20～90 | 7.05413 | 987.31 | 220 |
| 二乙胺 | $C_4H_{11}N$ | −30～100 | 6.83188 | 1057.2 | 212 |
| 三乙胺 | $C_6H_{15}N$ | 0～130 | 6.8264 | 1161.4 | 205 |
| 苯胺 | $C_6H_7N$ | — | 7.24179 | 1675.3 | 200 |
| 二甲基甲酰胺 | $C_3H_7ON$ | 15～60 | 7.3438 | 1624.7 | 216.2 |
| | | 60～350 | 6.99608 | 1437.84 | 199.83 |
| 二苯胺 | $C_{12}H_{11}N$ | 278～284 | — | 57.35 | 8.008 |
| 间硝基苯胺 | $C_6H_6O_2N_2$ | 190～260 | — | 77.345 | 9.5595 |
| 邻硝基苯胺 | $C_6H_5O_2N_2$ | 150～260 | — | 63.881 | 8.8684 |
| 对硝基苯胺 | $C_6H_6O_2N_2$ | 190～260 | — | 77.345 | 9.5595 |
| 苯酚 | $C_6H_6O$ | — | 7.13617 | 1518.1 | 175 |
| 邻甲酚 | $C_7H_8O$ | — | 6.97943 | 1479.4 | 170 |
| 间甲酚 | $C_7H_8O$ | — | 7.62336 | 1907.24 | 201 |
| 对甲酚 | $C_7H_8O$ | — | 7.00592 | 1493 | 160 |
| *α*-萘酚 | $C_{10}H_8O$ | — | 7.28421 | 2077.56 | 184 |
| *β*-萘酚 | $C_{10}H_8O$ | — | 7.34714 | 2135 | 183 |
| 苯 | $C_6H_6$ | — | 6.90565 | 1211.033 | 220.79 |
| 氯苯 | $C_6H_5Cl$ | 0～42 | 7.1069 | 1500 | 224 |

续表

| 物质 | 化学式 | 适用范围/℃ | $A$ | $B$ | $C$ |
| --- | --- | --- | --- | --- | --- |
| 氯苯 | $C_6H_5Cl$ | 42～230 | 6.94594 | 1413.12 | 216 |
| 邻二氯苯 | $C_6H_4Cl_2$ | — | 6.924 | 1538.3 | 200 |
| 乙苯 | $C_8H_{10}$ | — | 6.95719 | 1424.255 | 213.206 |
| 氟苯 | $C_6H_5F$ | −40～180 | 6.93667 | 1736.35 | 220 |
| 硝基苯 | $C_6H_6NO_2$ | 112～209 | — | 48.955 | 8.192 |
| 甲苯 | $C_7H_8$ | — | 6.95464 | 1341.8 | 219.482 |
| 邻硝基甲苯 | $C_7H_7NO_2$ | 50～225 | — | 48.114 | 7.9728 |
| 间硝基甲苯 | $C_7H_7NO_2$ | 55～235 | — | 50.128 | 8.0655 |
| 对硝基甲苯 | $C_7H_7NO_2$ | 80～240 | — | 49.95 | 7.9815 |
| 三硝基甲苯 | $C_7H_5N_3O_6$ | — | 3.8673 | 1259.406 | 160 |
| 邻二甲苯 | $C_8H_{10}$ | — | 6.99891 | 1474.679 | 213.686 |
| 间二甲苯 | $C_8H_{10}$ | — | 7.00908 | 1462.266 | 215.105 |
| 对二甲苯 | $C_8H_{10}$ | — | 6.99052 | 1453.43 | 215.307 |
| 乙酰苯 | $C_8H_8O$ | 30～100 | — | 55.117 | 9.1352 |
| 乙腈 | $C_2H_3N$ | — | 7.11988 | 1314.4 | 230 |
| 丙烯腈 | $C_3H_3N$ | −20～140 | 7.03855 | 1232.53 | 222.47 |
| 乙二腈 | $C_2N_2$ | −72～−28 | — | 32.437 | 9.6539 |
|  |  | −36～−6 | — | 23.75 | 7.808 |
| 萘 | $C_{10}H_8$ | — | 6.84577 | 1606.529 | 187.227 |
| α-甲基萘 | $C_{11}H_{10}$ | — | 7.06899 | 1852.674 | 197.716 |
| β-甲基萘 | $C_{11}H_{10}$ | — | 7.0685 | 1840.268 | 198.395 |
| 蒽 | $C_{14}H_{10}$ | 100～160 | — | 72 | 8.91 |
|  |  | 223～342 | — | 59.219 | 7.91 |
| 蒽醌 | $C_{14}H_3O_2$ | 224～286 | — | 110.05 | 12.305 |
|  |  | 285～370 | — | 63.985 | 8.002 |
| 樟脑 | $C_{10}H_{16}O$ | 0～18 | — | 53.559 | 8.799 |
| 咔唑 | $C_{12}H_9N$ | 244～352 | — | 64.715 | 8.28 |
| 芴 | $C_{13}H_{10}$ | 161～300 | — | 56.615 | 8.059 |
| 呋喃 | $C_4H_4O$ | −35～90 | 6.97533 | 1010.851 | 227.74 |
| 吗啉 | $C_4H_9ON$ | 0～44 | 7.71813 | 1745.8 | 235 |
|  |  | 44～170 | 7.1603 | 1447.7 | 210 |

续表

| 物质 | 化学式 | 适用范围/℃ | $A$ | $B$ | $C$ |
| --- | --- | --- | --- | --- | --- |
| 菲 | $C_{14}H_{10}$ | 203～347 | — | 57.247 | 7.771 |
| 喹啉 | $C_9H_7N$ | 180～240 | — | 49.72 | 7.969 |
| 噻吩 | $C_4H_4S$ | −10～180 | 6.95926 | 1246.038 | 221.354 |
| 草酸 | $C_2H_2O_4$ | 55～105 | — | 90.5026 | 12.2229 |
| 光气 | $COCl_2$ | −68～68 | 6.84297 | 941.25 | 230 |
| 氨 | $NH_3$ | −83～60 | 7.55466 | 1002.711 | 247.885 |
| 氯化铵 | $NH_4Cl$ | 100～400 | — | 83.486 | 10.0164 |
| 氰化铵 | $NH_4CN$ | 7～17 | — | 41.481 | 9.978 |

注：同时有 $A$、$B$、$C$ 三个常数时，采用式（4-11）计算；只有 $B$、$C$ 两个常数时，采用式（4-12）计算。